比youtube更有趣的兒童科學實驗遊戲②

50個在家就能玩的科學實驗全圖解

유튜브보다 더 재미있는 과학 시리즈04 : 초등 과학 실험

作者 沈峻俌 심준보 · 韓到潤 한도윤   譯者 賴毓棻

金善王 김선왕 · 閔弘基 민홍기

 **前言**

家裡處處都是偉大的科學

　　你們知道，其實在每天生活的家裡，處處都在進行著科學實驗嗎？各位常見的冰箱、汽車、吸管、氣球等各式各樣的物品中，都隱藏著偉大的科學原理。只要稍微去了解我們在吃喝玩樂，甚至睡覺時的所有一切，就會發現這些科學現象真是令人感到無比驚奇。

　　請從本書中學習隱藏在生活中的科學原理。透過有趣的遊戲，自己動手做實驗並親眼確認結果，就能更容易理解，記憶也會更加長久。

　　在《比youtube更有趣的兒童科學實驗遊戲2：50個在家就能玩的科學實驗全圖解》中將介紹可以用影子做的神奇魔術實驗、指認犯人指紋的偵探實驗、手影遊戲實驗等50種可以在家中進行的有趣科學實驗。這些都是與我們生活息息相關、簡單又有趣的實驗，甚至會讓人不免驚呼「這些也是科學嗎？」即使是在房間、客廳、陽台、浴室等非實驗室的地方也能進行科學實驗。現在就別再苦讀課本了，讓我們一起享受這些有趣的遊戲吧！

　　本書出現的科學實驗也有拍成youtube影片，讓人可以更加輕鬆有趣的學習。像是閃閃發光的鹽水畫、製作清涼香甜的果汁冰塊、咕嚕咕嚕冒出泡泡的火山等遊戲都十分有趣，但同時也是百分之百基於科學原理而創造的實驗。如果覺得這些實驗步驟太難又無法理解，那也可以舒服坐在沙發上看youtube，了解一

下該如何進行實驗，還會出現什麼樣的結果。

　　本書介紹的科學實驗不需用到昂貴的材料或實驗室。只要有砂糖、寶特瓶、紙杯等日常生活中的素材，就能自由又輕鬆的在任何地方進行實驗。需要的準備材料大多都可在各位的家中或住家附近的超市取得，即使偶爾會需要特別一點的物品，也可以從網路上輕鬆買到。

　　你現在還覺得科學只局限於課本中，而且是一件枯燥乏味的事情嗎？那就請抱著輕鬆心情翻開這本書看看吧！本書將小學自然科學課本中出現的重要科學原理融入有趣的遊戲中，並以趣味的方式進行說明。好，現在就和老師們一起翻開《比youtube更有趣的兒童科學實驗遊戲2：50個在家就能玩的科學實驗全圖解》。在玩著有趣科學實驗的過程中，就會不知不覺變成了小小科學家唷！

沈峻侕、韓到潤、金善王、閔弘基

 目錄

PART 1
初階科學實驗

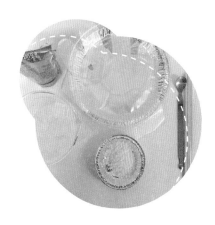

PART 2
進階科學實驗

Youtube頻道
⇁「兒夢師3分鐘國小科學」⇐

　　「兒夢師3分鐘國小科學」是在Youtube開設的國小科學專門頻道。「兒夢師」代表著「獻給兒童夢想的老師」的含意，自2016年起，韓國有60多位現任國小教師為了達成想要獻給學生夢想的目標，一起協力製作與小學科學相關的科學實驗內容。目前已上傳超過600則影片，總點閱率超越400萬人次。

　　書中介紹的科學實驗遊戲，都可透過各項實驗附加的QR碼於《兒夢師3分鐘國小科學》Youtube頻道上收看。

國小學生

· 原本覺得科學很難，但多虧了有兒夢師頻道，學習變得很開心。
· 可以用更有趣的方式來學習我原本就很喜歡的科學，真的很有幫助。
· 科學變有趣了。
· 實驗太有趣了。
· 我的夢想是成為科學家，這真是太棒了！多虧這本書讓我自然科學分數進步了！

· 可以讓孩子輕鬆學科學！
· 因為是國小教師想出的實驗，對自然科學教育真的很有幫助。

家長

教師

· 我是課後輔導的自然科學老師。課本對應單元的部分真的非常有用。
· 在備課上帶來很大的幫助。
· 裡面真的有很多學生應該要知道的資訊。

成為小小創客 進度表

START

本書使用方法

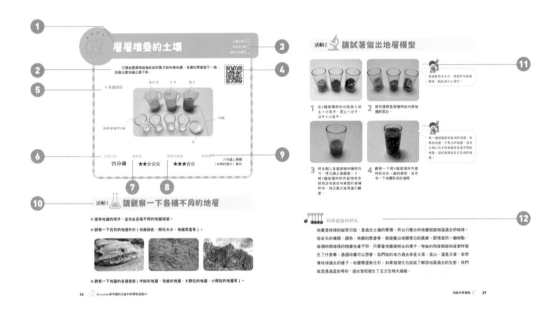

1. **實驗名稱**：看標題就能輕鬆有趣的了解活動內容。

2. **相關概念**：簡單整理出與實驗相關的概念，讓人可以一目了然。

3. **參與人員**：根據難易度、實驗危險度、實驗內容的不同，標示可獨自進行，或較適合與朋友父母一起進行的內容。

4. **QR碼**：可以使用智慧型手機或平板掃描QR碼，收看相關實驗的影片。

5. **準備材料**：以照片呈現實驗中所需的準備材料，以便輕鬆確認。

6. **所需時間**：告知實驗時大概會需要花多少時間。

7. **難易度**：可透過星星數來得知實驗的困難程度。

8. **實驗危險度**：可透過星星數來得知實驗的危險程度。

9. **相關單元**：結合108課綱，介紹與小學自然課本上與實驗對應的單元。

10. **活動步驟**：透過照片和說明詳細的呈現出實驗進行過程，讓任何人一看就能輕鬆跟上。

11. **小叮嚀**：提供實驗中必備的小訣竅，幫助實驗進行得更加順利。

12. **科學遊戲好好玩**：與實驗相關的附加科學知識，也能另外進行科學遊戲。

使用危險工具 與實驗的注意事項

請這樣用剪刀

★ 請勿將手放在剪刀的行進方向。
★ 使用剪刀時不要過度用力。
★ 使用剪刀後,請將剪刀合上,避免露出刀刃。
★ 在剪塑膠等堅硬物品時,請戴上防割手套或向身邊的大人尋求協助。
★ 若不小心被剪刀割傷,請在消毒後以乾淨的碎布進行止血。

請這樣用美工刀

★ 請勿將手放在美工刀的行進方向。
★ 使用美工刀時不要過度用力。
★ 若過度用力而造成刀片斷裂時,可能會因此受傷。
★ 使用美工刀時請盡量戴上手套。
★ 若不小心被美工刀割傷,請在消毒後以乾淨的碎布進行止血。

請這樣用火

★ 請務必在父母陪同之下進行實驗。
★ 在拿取燒燙物體時,請戴上工作手套以避免燙傷。
★ 若附近有可燃物品,請先收拾乾淨。
★ 實驗前請先確認好滅火器的位置和使用方法。
★ 實驗前請先確認蠟燭固定的狀態。
★ 實驗後請勿立刻用手觸摸變燙的蠟燭。

請這樣使用玻璃製品

★ 確認玻璃製的實驗道具是否有裂痕。請勿使用出現裂痕的物品。

★ 沾了水的玻璃製實驗道具會滑，因此請戴上工作手套再觸摸。

★ 使用玻璃棒攪拌時不要敲撞杯子，請用手腕的力量輕輕攪拌。

★ 實驗後請務必清洗乾淨並晾乾。

★ 請勿在玻璃附近玩鬧並小心行動。

★ 若實驗中途停止時，請將玻璃製實驗道具移至安全的地方擺放。

★ 破碎的玻璃請用報紙、氣泡紙等包好後，放入垃圾袋丟棄。

請這樣使用化學藥品

★ 接觸到皮膚時可能會引起燒燙傷等皮膚異狀，因此請戴上乳膠手套再觸摸。

★ 若徒手觸摸檸檬酸，可能會造成皮膚損傷。

★ 若手不小心在實驗中碰到化學藥品，請立即用中性肥皂清洗乾淨。

★ 絕對不要放入口中或近距離聞味道。

★ 原則上絕對不要服用化學藥品。

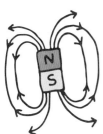

⟩準備⟨
開始實驗吧！

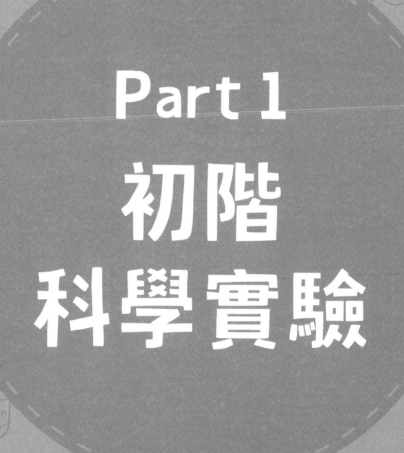

Part 1
初階
科學實驗

咕嚕冒泡的碳酸水

觀察是指注意發生的變化或對象，並仔細觀察的行動。如果想要進行準確的觀察，就要分為變化前、變化中和變化後三個階段來觀察。

★ 準備材料

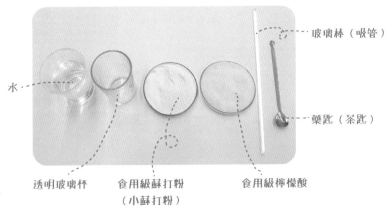

玻璃棒（吸管）

水

藥匙（茶匙）

透明玻璃杯

食用級蘇打粉
（小蘇打粉）

食用級檸檬酸

所需時間	難易度	實驗危險度	相關單元
20分鐘	★★☆☆☆	★★★☆☆	五年級下學期〈水溶液〉單元

活動1 請測出準確的分量來製作碳酸水

小叮嚀

1 使用五感器官——眼、鼻、口、耳和皮膚來觀察玻璃杯中的水、食用級檸檬酸和食用級蘇打粉。若準備的是食用級檸檬酸和蘇打粉，可以用舌頭嚐一下味道。

請思考下列問題的答案並觀察看看。
· 眼（看一看－長得怎麼樣？是什麼顏色的？）
· 鼻（聞一聞－聞起來是什麼味道？）
· 口（嚐一嚐－吃起來是什麼味道？）
· 耳（聽一聽－用耳朵聽聽看，會聽到什麼聲音？）
· 皮膚（摸一摸－有什麼感覺？）

2 在玻璃杯中倒入比半杯再多一點的水。

3 挖1小匙食用蘇打粉，放入裝著水的杯子裡。

4 挖1小匙食用檸檬酸放入杯中後，用玻璃棒（吸管）攪一攪。

5 用五感器官觀察一下玻璃杯中出現的變化。

> 若使用的是食用級蘇打粉和檸檬酸，就可嚐嚐看碳酸水，觀察一下味道。

6 過大約10分鐘，待反應結束之後，用五感器官觀察一下玻璃杯中的水。

> 和發生反應中的狀態比較看看，仔細觀察之間的差距。

活動2 試著區分觀察結果和非觀察結果

● 將觀察到的內容整理在筆記本上。
例如：發生變化前－食用蘇打粉呈現白色（用眼睛觀察）／發生變化中－用耳朵聽的話可以聽到啵啵的冒泡聲（用耳朵觀察）。

● 請再次看一下筆記本上整理出的內容，試著分出觀察結果和非觀察結果。若不是親眼見到的事實，而是自己的想法、已經知道的知識等就不算觀察得到的結果，要直接透過五感確認過的才算觀察結果。

> －檸檬酸摸起來有點粗糙。（○）

> －若加入更多食用蘇打粉，氣泡就能持續更久。（×）
>
>   →不是親眼見到的事實，而是自己的想法。

> －咕嚕咕嚕冒上來的氣體是二氧化碳。（×）→已經知道的知識

02 我是碳酸水發明家

測量是指測量長度、容量和重量等分量。為了達到精準的測量，必須使用適合對象的測量工具。測量液體容積時要使用量筒，測量物體重量時要使用秤。

★ 準備材料

水　　　　　　量杯

玻璃棒（吸管）

電子秤

藥匙（茶匙）

藥包紙2張
（白紙）

食用級蘇打粉　　　　食用級檸檬酸
（＝小蘇打粉）

所需時間	難易度	實驗危險度	相關單元
30分鐘	★★★☆☆	★★★☆☆	五年級下學期〈水溶液〉單元

活動1 請用電子秤測量食用檸檬酸的重量

1 將電子秤放到平坦的地方。

2 讓水準氣泡進入黑色圈圈中間。利用電子秤腳上的調整螺絲可移動氣泡。

3 按下電源開關，將電子秤打開。

4 在開始秤重之前，請先按下歸零鍵。

5 為準確測量粉狀的重量，將藥包紙放到電子秤上，並再次按下歸零鍵。

6 使用藥匙將食用檸檬酸挖到藥包紙上，直到電子秤的重量達到2g為止。

活動2 請測量出準確分量並做出碳酸水

1 用量杯測量100ml的水。將量杯放到桌面上，對準視線和液體的高度，才能精準測量出容積。

2 使用電子秤測量4g的食用蘇打粉和2g的食用檸檬酸，並各別放到藥包紙上備用。

3 將量杯中100ml的水、4g食用蘇打粉和2g食用檸檬酸粉放入透明玻璃杯中攪拌均勻，碳酸水就做好了。

 科學遊戲好好玩

請和家人一起進行「猜重量」的遊戲。

1. 考慮到電子秤的測量範圍，請以鉛筆、橡皮擦等較輕的物體為測量對象。

2. 用手拿一下，想想看大概會有多重。

3. 在紙上寫下預測的重量。

4. 用電子秤測量一下重量。

5. 預測值與測量值差距最小的人獲得勝利。

03 碳酸水氣泡噴泉會長高

可獨自進行 ☐
和朋友同樂 ☑
請由父母陪同 ☑

預測是指根據觀察到的事實為基礎，事先判斷未知的觀察結果。為了進行更準確的預測，必須先從測量好的數值或觀察結果中找出規則。

★ 準備材料

量杯　藥包紙2張（白紙）

水

透明玻璃杯3個

食用級檸檬酸　食用級蘇打粉
（＝小蘇打粉）

食用色素

玻璃棒（吸管）

電子秤（量匙）

簽字筆　藥匙（茶匙）

所需時間	難易度	實驗危險度	相關單元
40分鐘	★★★☆☆	★★★☆☆	五年級下學期〈水溶液〉單元

活動1　請測量碳酸水泡沫的最高高度

1 使用3個透明玻璃杯，在杯中各倒入100ml的水。

2 在3個玻璃杯中各加入一點食用色素，也可以使用簽字筆的墨水取代。加入色素後，可以更清楚的看見泡沫。

3 在3個玻璃杯中各加入4g的食用蘇打粉，並用玻璃棒攪拌均勻。若手邊沒有電子秤，也可使用量匙代替。

4 在第一個玻璃杯中加入1g的食用檸檬酸，並標示出碳酸水泡沫的最高位置。

5 在第二個玻璃杯中加入2g的食用檸檬酸，並標示出碳酸水泡沫的最高位置。

6 在第三個玻璃杯中加入3g的食用檸檬酸，並標示出碳酸水泡沫的最高位置。

● **請用尺測量一下標示出的高度。**

活動2 請比較一下測量出的高度

☆ 從測量出的泡沫高度中找出規則性，並試著預測將100ml的水、4g的食用蘇打粉和4g的食用檸檬酸放入玻璃杯時，碳酸水泡沫的最高高度。

☆ 請比較一下自己的預測和實際測量出的數值。

 科學遊戲好好玩

請和朋友一起調製碳酸水飲料。

1. 使用水、食用蘇打粉和食用檸檬酸做出碳酸水。

2. 將做好的碳酸水加入汽水中。請邊試喝邊找出最好喝的比例。

3. 請加入水果濃縮液、檸檬原汁或果汁等各種材料，調出自己專屬的水果氣泡飲。

4. 做出多種不同的飲料和朋友一起共享。

04 動物進化的奧祕

可獨自進行 ☐
和朋友同樂 ☑
請由父母陪同 ☑

分類是指先制定出分類標準來劃分對象的行為。在分類時，必須先找出共同點和差異點，建立起一套分類標準。若進行分類，就能對於比較對象及其特徵一目了然。

★ 準備材料

智慧型手機或平板

動物相關書籍

所需時間	難易度	實驗危險度	相關單元
30分鐘	★★★☆☆	★★★☆☆	五年級下學期〈動物大觀園〉單元

活動1 請製作多種不同的動物小卡

● 想想看要對那些動物進行分類。

● 在網路入口網站中搜尋一下想要分類的動物。請搜尋一種動物就好。
請觀察一種動物因地區差異而產生不同的外型。推薦的動物有狗、老虎、雀鳥和狐狸。

蒼狐

北極狐

赤狐

耳廓狐

沙狐

● 收集動物特徵明顯的照片。
　若選擇動物生活特徵和外型明顯的照片，將有助於進行分類。

● 1張紙印4張照片，並修剪得漂亮一些。

活動2 🔬 請試著替動物進行分類

● 請觀察動物小卡，並試著找出其中的共同點與差異點。

● 以共同點和差異點為基礎，制定出分類基準，並替動物進行分類。

● 分類完之後，請找找看這些動物居住的地方。
　只要想一想居住的地方和動物的外型，就能窺探出進化的奧祕。
　嘴型與食物有關，而毛皮長短則與動物居住地區的溫度等相關。

 科學遊戲好好玩

　　居住在炎熱沙漠中的耳廓狐透過又薄又大的耳朵，大量排出體內的熱氣來忍受暑氣。反之，居住在寒冷北極的北極狐，則是有對小耳朵來防止熱氣流失。生物像這樣經過長時間，根據環境生存就稱做「適應」。這些對於適應外型的關注是從加拉巴哥群島開始的，英國生物學家達爾文在觀察加拉巴哥群島的鳥類時，發現雀鳥的外型各自不同。他發現專吃樹中昆蟲的雀鳥喙部又細又長，吃種子的雀鳥，喙部大而堅硬。達爾文透過觀察和分類來劃分雀鳥，並認為原本屬於同種的雀鳥，根據食物不同而改變了外形。在經過一番研究之後，他出版了講述進化故事的《物種起源》。

指認犯人的指紋

可獨自進行 ☐
和朋友同樂 ☑
請由父母陪同 ☑

指紋指的是手指末端螺旋紋狀的紋路，或手指摸過留下的痕跡。指紋是在胎兒成長過程中，手指末端部分汗腺隆起所形成的紋路。由於指紋是隨著羊膜內羊水的流動形成的，因此每個人的指紋都不同。

★ 準備材料

白紙

溼紙巾

指紋印台

筆具

所需時間	難易度	實驗危險度	相關單元
30分鐘	★★★☆☆	★☆☆☆☆	五年級下學期〈動物大觀園〉單元

活動1 請試著替指紋分類

小叮嚀

請確保整個食指第一節都有沾到指紋印台的墨水。蓋完指紋後請用溼紙巾擦拭乾淨。

1 在白紙上面蓋上自己和朋友們食指的指紋。

2 在蓋好的指紋下方寫上各自姓名。

● 請觀察各種指紋，並找出其中的共同點和差異點。

箕形紋（馬蹄形）：形狀就像是蓋了馬蹄形的長橢圓形漩渦，由左側或右側切入中央。

斗形紋（蝸牛形）：形狀和蝸牛殼一樣，中間的圈圈就像是漩渦般的聚在一起。

弧形紋（弓形）：形狀和彎曲的弓一樣，曲線會層層疊起。是個非常稀有的指紋。

● 可以將有無圓形、有無橢圓形、有無直線定為分類基準。

活動2 請找找看指紋的主人

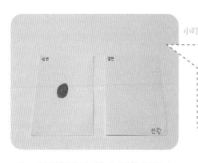

小叮嚀
也可以使用同一個人的好幾根手印出多張指紋卡。

1 用指紋印台將自己的指紋各自蓋在白紙上，並在後面寫上自己的名字。一張紙要蓋上一個人的指紋。

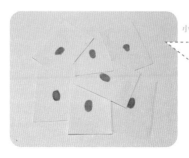

小叮嚀
將指紋混在一起時請先閉上眼睛。

2 收集蓋上指紋的紙張後混在一起，讓人不知道誰才是指紋的主人。

3 從一堆指紋紙中抽出一張紙，不要看到後面寫的名字。

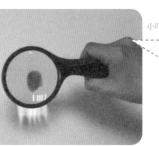
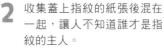

小叮嚀
指紋主人要小心別讓其他人發現那是自己的指紋。

4 觀察一下抽到的指紋，並猜猜看誰才是指紋的主人。

沙子變石頭的堆積魔法

可獨自進行 ☐
和朋友同樂 ☑
請由父母陪同 ☑

沉積岩是沉積物變硬之後形成的岩石。沙粒變硬形成的石頭就稱砂岩；泥土變硬形成的石頭就稱泥岩；在泥土或沙粒中夾雜小石子形成的石頭就稱礫岩；貝殼或珊瑚等沉積後形成的石頭就稱為石灰岩。

★準備材料

小石子

沙子（泥土）

彩色沙2種

紙張

無底的餅乾模具和壓板　　膠水（白膠）　　竹筷4根

所需時間	難易度	實驗危險度	相關單元
40分鐘	★★★★★	★★★☆☆	六年級上學期〈地表的變化〉單元

活動1 請試著做出礫岩的模型

小叮嚀

也可使用泥土來取代沙子。只要放入一點小石子就行了。

1 將小石子和沙子放入餅乾盒中至1/4處並攪拌一下。

2 加入沙子一半分量的膠水後再次攪拌均勻。如果加入太多膠水，可能需要花上很久時間才有辦法凝固。

小叮嚀

－根據膠水和沙子用量不同，凝固的時間也可能會有所不同。

－若使用無底的餅乾模具，3天後即可輕易取出沉積岩模型。

3 用壓板將沙石壓至緊實。若沒有壓板，也可鋪上一層紙張並在上面放上重物。

4 靜置3天後，將變硬的沉積岩模型取出。

活動2 請試著做出有層次的砂岩模型

小叮嚀

若同時準備住家附近的泥土，就能做出泥岩和沙岩交替的地層模型。

1 在2個紙杯中各自放入顏色不同的彩色沙。

2 在紙杯分別倒入膠水，並用筷子攪拌均勻，做成彩色沙團。

小叮嚀

放入沙子的分量不一定要完全一樣，因為地層也有較厚或較薄的層。

3 將混有膠水的彩色沙按個人喜好依序放入塑膠杯中。

4 靜置3天讓模型完全變硬後，將彩色沙團取出。

07 層層堆疊的土壤

可獨自進行 ☐
和朋友同樂 ☐
請由父母陪同 ☑

沉積岩層層堆起後形成的層次就叫做地層。各層的厚度都不一樣，從幾公厘到幾公里不等。

★ 準備材料

小石子　沙子　泥土

竹筷

透明玻璃杯4個

水

所需時間	難易度	實驗危險度	相關單元
25分鐘	★★☆☆☆	★★★☆☆	六年級上學期〈地表的變化〉單元

活動1 🧪 請觀察一下各種不同的地層

● 搜尋地層的照片，並找出各種不同的地層樣貌。

● 觀察一下找到的地層外形（地層顏色、顆粒大小、地層厚度等）。

● 觀察一下地層的各種樣貌（中斷的地層、彎曲的地層、大顆粒的地層、小顆粒的地層等）。

活動2 請試著做出地層模型

若攪動得太大力，玻璃杯可能會破掉，因此請小心攪拌。

1 在3個玻璃杯中分別放入泥土＋小石子、泥土＋沙子、沙子＋小石子。

2 用竹筷將各玻璃杯的內容物攪拌混合。

每一個地層都有較薄的地層、較厚的地層、只有沙的地層、混合沙和小石子的地層等各種不同的地層。請試著做出各式各樣的地層。

3 將水倒入各個玻璃杯攪拌均勻，待沉澱之後觀察一下。將3個玻璃杯的內容物依序移到沒有裝任何東西的玻璃杯中，待沉澱之後再進行觀察。

4 觀察一下將3個玻璃杯內容物混合在一起的模型，並思考一下地層形成的過程。

 科學遊戲好好玩

地層是地球的祕密日記，是過去土壤的累積，所以只要分析地層就能知道過去的地球。從岩石的種類、顏色、地層的厚度等，就能看出地層昔日的風貌。即使是同一個地點，每個時期堆積的物質也會不同，只要看地層被削去的樣子、彎曲的程度就能知道當時發生了什麼事。透過地層可以想著，我們站的地方過去曾是大海、是山、還是沙漠，並想像地球過去的樣子。地層裡還有化石，如果發現化石就能了解該地區過去的生態，我們就是透過這些得知，過去曾經發生了五次生物大滅絕。

08 很久以前生存的生物

可獨自進行 ☑
和朋友同樂 ☐
請由父母陪同 ☐

化石是指比一萬年更早以前，生存的生物軀體或該生物活動的痕跡。大部分的化石都是生物消失變成了石頭，但也有少數像被冰封的猛瑪象（又稱長毛象）和南瓜裡的昆蟲等殘留身體的罕見情況。

★ 準備材料

彩色鉛筆 ‥‥‥‥‥‥‥‥‥‥‥‥‥‥ 紙張

各種化石相關書籍

所需時間	難易度	實驗危險度	相關單元
30分鐘	★★☆☆☆	★☆☆☆☆	六年級上學期〈地表的變化〉單元

活動1 🧪 請觀察化石

● 觀察化石並找出其特徵。請將動物化石和植物化石做出區分，並與現在生活的動物或植物相比，思考看看有沒有相似的部分。

● 觀察化石並想一想化石曾經生存的環境（大海中、沙漠或下大雪的地方等），然後以此為基礎畫畫看化石還活著時的樣子。

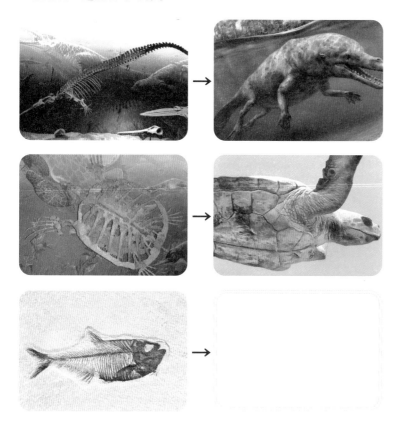

 科學遊戲好好玩

韓國還有很多恐龍足跡的化石。每個恐龍的足跡都長得不一樣，因此只要看一看足跡，就能知道是哪一種恐龍。肉食恐龍（獸腳類）的足跡化石呈現窗形，腳趾末端留有銳利的爪痕；體型龐大的長頸恐龍（龍腳類）足跡化石有很多都像大象一樣呈現圓形，但因為用腳趾走路，所以可以看見三根腳趾又窄又尖的化石。用腳走路的草食恐龍（鳥腳類）的腳趾則是分成三股，呈現三叉戟的形狀。這三種足跡化石都能在韓國看到。

用竹籤挖掘巧克力化石

可獨自進行 ☑
和朋友同樂 ☑
請由父母陪同 ☐

大部分的化石都是動物的身軀或痕跡，與泥土、沙子等一起沉積而變成石頭。化石是在地層中間發現的。

★準備材料

白紙 ┄┄

竹籤

巧克力碎片餅乾

所需時間	難易度	實驗危險度	相關單元
25分鐘	★★★★☆	★☆☆☆☆	六年級上學期〈地表的變化〉單元

活動1 🧪 請試著挖出巧克力碎片

1 在桌上鋪上一張白紙，將巧克力碎片餅乾放到紙上。

2 觀察一下巧克力碎片餅乾，想一想餅乾裡有幾塊巧克力碎片及它們的所在位置。

3 使用竹籤將餅乾裡的巧克力碎片挖出來。

4 將挖出的巧克力聚集在同一個地方。

5 用竹籤將巧克力上的餅乾碎屑挖掉。

6 數一數挖出來的巧克力碎片有幾個，並觀察巧克力碎片的形狀。請在觀察內容下方畫畫看挖出的巧克力碎片。

活動2 找找看實際挖掘和這項實驗的共同點

實際挖掘	挖掘實驗
尋找容易發現化石的地層。	將挖出的巧克力聚集在同一個地方。
在開始挖掘化石前，先預估並記錄化石的大小及所在位置等。	觀察一下巧克力碎片的形狀，並描繪出來。
使用槌子、鑿子和鑽石鋸片去除化石旁邊的岩石。	觀察一下巧克力碎片餅乾，想一想餅乾裡有幾塊巧克力碎片及它們的所在位置。
將化石邊的岩石去除掉某個程度後，將化石帶往設備齊全的實驗室。	用竹籤將巧克力上的餅乾碎屑挖掉。
使用氣流式粉碎機將堅硬的岩石粉碎，接著使用酸性液體，小心的除去殘留在化石邊的岩石。	使用竹籤將餅乾裡的巧克力碎片挖出來。
將化石排成生物原始的模樣，並將發現的化石描繪下來。	在桌上鋪上一張白紙，將巧克力碎片餅乾放到紙上。

貝殼變成石頭

埋藏在沉積物中的生物遺骸被地下水溶解後，產生的空隙就會被泥土等物質填滿。這些填充的物質經過數萬年凝固，變成石頭後就成為化石。

★ 準備材料

陶土片 —— 黏土盤（盤子）—— 紙杯

水 ····

竹筷

海藻酸粉末 —— 貝殼

所需時間	難易度	實驗危險度	相關單元
30分鐘	★★☆☆☆	★★★☆☆	六年級上學期〈地表的變化〉單元

活動1 請做出化石模型

小叮嚀

也可使用炸雞吃完之後的雞骨、樹葉或自己的手來取代貝殼。

1 將貝殼放到陶土片上，用手按壓後拿起來。

小叮嚀

海藻酸糊在常溫之下很快就會凝固，因此請在要開始進行實驗時再調製就好了。海藻酸粉末和水的最適比例為1：1.2。

2 將12ml水和10g海藻酸粉末放入紙杯中，並用竹筷攪拌均勻。

小叮嚀

若化石模型上黏著陶土，只要拿去用水洗掉即可。

3 將海藻酸糊倒入陶土胚中，並整個蓋過貝殼痕跡。靜待4～5小時至海藻酸完全凝固為止。

4 待海藻酸完全凝固後，將它從陶土胚上挖起。

活動2 請觀察一下化石模型

1 觀察一下做出的化石模型。

2 比較一下貝殼和化石模型。

 科學遊戲好好玩

請和家人一起製作自己的手指化石。

1. 將陶土做成長方體，大小只要能插入手指即可。

2. 將食指插入陶土正中間直到包住整根食指。

3. 慢慢抽出手指，以避免毀壞形狀。

4. 將海藻酸糊倒入陶土中手指形狀的洞裡。

5. 靜待4～5小時至海藻酸完全凝固為止。

6. 待海藻酸完全凝固後，將它從陶土胚中取出。

7. 自己的手指化石完成了！

花花綠綠的種子

種子是指含有幼小的生物體，長大之後會成為新植物的部分。種子中有植物的根、葉、子葉、莖和植物成長所需的養分。

★ 準備材料

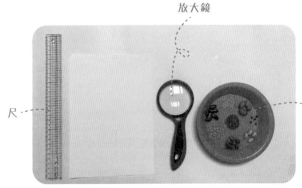

放大鏡

尺 ·········

名種種子

所需時間	難易度	實驗危險度	相關單元
10分鐘	★★☆☆☆	★☆☆☆☆	五年級上學期〈植物世界〉單元

活動1 請觀察一下各種種子

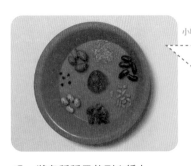

1 將各種種子放到白紙上。

小叮嚀

請準備各式各樣的種子。椰子類的種子可長達10～20公分。香濃的花生也是種子喔！

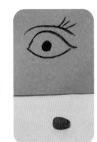

2 使用五感器官觀察一下各式各樣的種子。

活動2 請使用觀察工具來進行觀察

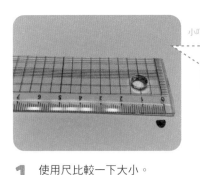

小叮嚀

若能有立刻將觀察內容記錄在筆記本上的習慣就更棒了。

1 使用尺比較一下大小。

2 使用放大鏡觀察一下外形。

種子名稱	顏色	形狀	大小

 科學遊戲好好玩

請和家人一起進行有趣的「種子十問」活動。

1. 選出負責出題的一位出題者。

2. 出題者在心裡默想一種種子。

3. 由非出題者的其他人來詢問出題者問題，但只能詢問可以用「對、錯」回答的問題。

4. 出題者在聽完問題後只能回答「對、錯」。

5. 回答完共10個問題後，由其他人猜猜看出題者所想的是什麼種子。總共有3次機會。

6. 若3次內都沒有人猜中就是出題者獲勝，若3次內被猜中就是其他人獲勝。

豆子會發芽

種子發芽需要水、適當的溫度和空氣。想讓腰豆順利發芽，溫度就要達到18～25℃，並給予充足的水分（不要浸泡到種子）。腰豆發芽和光線的有無無關。

★ 準備材料

透明塑膠杯（玻璃杯）2個

脫脂棉（紗布）

水

腰豆（玉米）

所需時間	難易度	實驗危險度	相關單元
10天	★★★★☆	★★☆☆☆	五年級上學期〈植物世界〉單元

活動1 請準備可以讓種子發芽的環境

小叮嚀

水要完全浸溼脫脂棉，並要加到底部稍微有點積水的程度才算適量。

1 在透明塑膠杯中裝入半杯左右的脫脂棉。

2 其中一個塑膠杯不放水，並在另一個塑膠杯中倒水。

小叮嚀

為了讓種子充分吸收水分，請提早一天將腰豆放入水中浸泡，這樣會更容易發芽。

3 將腰豆分別放入兩個玻璃杯中。

 活動2 請觀察種子發芽的過程

1 將有加水和沒加水的腰豆，並排放到日曬良好的窗邊。訂出觀察時間和觀察焦點。例如每天早上8點，腰豆根部的變化和腰豆大小的變化。

2 每天於訂好的時間觀察一下腰豆外形並描繪下來。

小叮嚀

· 一般只要7～10天左右就會發芽。

· 發芽過程：腰豆脹大→原本光滑的腰豆外皮會出現皺紋→在腰豆中間的白點附近生根→在白點附近生出很多根→出現彎曲的莖→出現2片子葉→脫皮後從2片子葉中間長出真葉

 科學遊戲好好玩

請和家人一起進行取名字遊戲。

1. 觀察發芽後的腰豆外形。

2. 以觀察為基礎，想一想腰豆具有什麼特徵。

3. 以觀察內容為基礎，想一想腰豆的名字。

4. 在1張紙上寫上名字，接著將紙折成兩折。若想到很多名字也可以寫好幾張。

5. 將折好的紙張放到同一個地方進行抽抽樂。將取好的名字寫在腰豆的花盆上。

冰箱裡的植物

可獨自進行 ☑
和朋友同樂 ☐
請由父母陪同 ☑

植物生長需要陽光、水、適當的溫度、空氣和養分。植物在陽光照射下會從葉子製造出養分。若植物接受不到日曬就無法製造養分，因此也會長得不好。

★ 準備材料

玻璃杯
（噴霧器、灑水器）

植物大小相近的盆栽2個

所需時間	難易度	實驗危險度	相關單元
20天	★★★☆☆	★☆☆☆☆	五年級上學期〈植物世界〉單元

活動1 認識植物成長的必備條件：水

水✕

水✕

小叮嚀

· 請仔細觀察葉子和莖的變化。
· 在觀察時拍照會更容易比較。

1 請預測看看澆過水和沒澆過水的盆栽會變得怎麼樣。在兩個植物大小相近的盆栽當中，替其中一個澆水，另一個不澆水。

2 將澆過水和沒澆過水的盆栽並排在日曬良好的窗邊。觀察一週內兩盆植物每天生長的模樣。

1 請預測看看放在低溫和放在室溫下的盆栽會變得怎麼樣。決定好接受日曬的時間，並在規定的時間內將兩個盆栽並排在日曬良好的窗邊。

2 接受完日曬後，將一個盆栽放到房間裡，另一個放到冰箱裡。觀察一週內兩盆植物每天生長的模樣。

小叮嚀

兩盆都是每2～3天就要澆一次水。因為兩個盆栽接受的日曬量必須相同，所以房間裡的盆栽必須要放在曬不到陽光的地方。

小叮嚀

日曬的時間最好訂在早上起床和從學校回家的時候。可以改變時間，但最重要的是兩個盆栽都必須接受相同的日曬，而不是只曬到其中一盆。

 **科學遊戲好好玩**

就像人出生為嬰兒，經歷了兒童、青少年、青年、中年之後成為老人，最後結束一生一樣，植物也有一生的過程。種子在適當的環境之下發芽、長成新芽後，長出葉子和莖，接著就是準備要開花了。根據植物不同，到開花為止所需的時間也有所不同。有些植物馬上就會開花，有些植物卻要生長好幾年之後才會開花。植物就是像這樣開花結果並留下後代。在一年內結束這一生過程後死亡的植物就稱為一年生植物，可以存活好幾年的植物則是稱為多年生植物。

腰豆長出葉子的順序：①發芽後長出2片子葉。②長出2片彼此相對的本葉，子葉枯萎後脫落。 ③在葉子和莖之間長出一根葉柄，上面附有3片葉子。 ④持續長出3片的複葉。

★ 準備材料

尺

正在成長中的植物盆栽　　　簽字筆

所需時間	難易度	實驗危險度	相關單元
30天	★★★★☆	★☆☆☆☆	五年級上學期〈植物世界〉單元

活動1 請測量看看腰豆葉子的生長

1 數一數在腰豆成長的30天內長出的葉片數量。

2 在30天內持續測量葉片的長度。最好從地面冒出嫩芽時就開始測量從上到下的長度。

3 在葉子上劃線測量30天。最好能在葉子上劃出1公分的直線和橫線後，測量那條線變得多長。

活動2 🔬 請測量看看腰豆莖的生長

1 在30天內測量莖的長度。最好能從盆栽內的泥土開始測量到莖頂端的長度。

2 數一數在30天內長出的莖的數量。只要數新長出來的莖的數量就好。

3 在莖上劃線測量30天。最好能在莖上劃出彼此距離1公分的兩條線，再測量那兩條線的間距變得多長。

活動3 🔬 請測量看看葉子和莖的生長程度

● **請在30天內每3天測量1次葉子和莖的生長程度並記錄下來。**

測量日期	葉子數量	葉子的變化	測量莖的長度	莖的變化
月　日	片		公分	
月　日	片		公分	
月　日	片		公分	

 科學遊戲好好玩

馬鈴薯是根還是莖呢？其實它是從莖變形而來。莖有很多種類，其中透過光合作用儲存養分的莖就叫做儲藏莖。儲藏莖有馬鈴薯、芋頭、大蒜等。還有部分的莖會變成刺，保護自己不被草食動物吃掉的刺莖。刺莖有枳樹、山皂莢樹等。還有些能透過球莖繁殖的繁殖莖。繁殖莖有卷丹（又稱虎皮百合）、山藥等。

五彩繽紛的花和果實

可獨自進行 ☑
和朋友同樂 ☐
請由父母陪同 ☑

花和果實都是植物的生殖器官。一般來說，花是由花瓣、花萼、雌蕊和雄蕊所組成。果皮部分儲存了大量的糖分和水分，那些美味並可食用的果實就稱作水果。

★ 準備材料

各種花

各種水果

快開花的盆栽

所需時間	難易度	實驗危險度	相關單元
10天	★★★☆☆	★☆☆☆☆	五年級上學期〈植物世界〉單元

活動1 請觀察花的變化

小叮嚀

花會在枝葉交錯的間隙綻放。數數看1株植物會開幾朵花。

1 觀察一下花開的樣子。花有粉紅色、白色、紫色等多種顏色，其中會有一片花瓣長得特別大。

2 觀察一下花附著在什麼地方。

- 花的變化：出現2～3個花苞→花苞數量越來越多，花朵開始綻放。
- 花的觀察結果：有雌蕊（1個）、雄蕊（10個）、花瓣（5片）和花萼（1個）。花開在枝葉交錯的地方。
- 除此之外還可以觀察花的香味、花瓣長度和花瓣是否相連等。

3 選定一種花並仔細調查關於它的資訊。

活動2 📷 請觀察果實的變化

1個腰豆的豆莢裡面一般會有4～5顆種子。除此之外還可以觀察豆莢的長度、腰豆的長度和顏色等。

1 觀察一下豆莢的變化。在花凋謝的地方出現豆莢→豆莢的長度變長，厚度變厚。

2 觀察一下豆莢和種子。

 科學遊戲好好玩

　　全世界最大的花是什麼花？有大王花和巨花魔芋（又名屍花）兩位候選人。生長在東南亞島嶼地區的大王花直徑約1公尺長，重達10公斤左右。因為散發著強烈的惡臭味，所以又被稱為「腐屍花」，但這其實是為了繁殖。它會散發出惡臭來引誘那些喜歡難聞臭味的蒼蠅幫忙移動花粉。而巨花魔芋則是生長在印尼等熱帶地區的植物，重達100公斤。雖然巨花魔芋更重又更高，但它其實是由許多小花聚在一起，看起來像是一朵花的模樣。因此關於在它和由一朵花組成的大王花之間，究竟誰才是最大的花這點仍存在著許多爭議。

16 挑戰真人版電子秤

可獨自進行 ☑
和朋友同樂 ☐
請由父母陪同 ☑

重量是指物體有多重的程度。之所以會使用秤測量物體重量,是因為每個人對於相同物體感受到的重量不同,可能會產生很多問題的緣故。

★ 準備材料

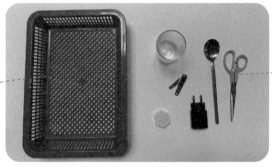

籃子 ···   ··· 各種物體

所需時間	難易度	實驗危險度	相關單元
10分鐘	★☆☆☆☆	★☆☆☆☆	六年級下學期〈簡單機械〉單元

活動1 請用手拿起各種物體並決定重量

1 將房間裡的各種物體裝到籃子內。

2 用手拿拿看放在籃子裡的物體。

3 依照物體的重量順序排列看看。

活動2 🔬 請測量看看周遭物體的重量

1 測量看看自己拿的物體之中最重的兩個物體重量。

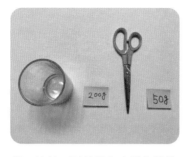

2 比較一下最重和次重物體的重量。

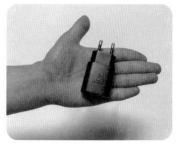

3 想想看這兩個物體之中的差距,並將其他物體拿在手中,預測一下重量。

物體名稱	預測的重量	測量出的重量	誤差值

 科學遊戲好好玩

請和家人一起進行猜重量遊戲。

1. 所有人各拿一個方形的箱子。

2. 在房間走動,並將物體裝入箱子內。可以裝很多東西或完全不裝都沒關係。

3. 大家聚在一起,一次一個人出來拿著箱子,裝作很重或很輕的樣子。

4. 家人透過演出者的表情或動作,猜測他拿的箱子有多重。

5. 猜猜看其他人拿的箱子重還是輕。

6. 猜中最多次前方表演者的箱子是重還是輕的人獲勝。

17

用彈簧測量重量

把物體掛在彈簧上，彈簧就會變長。掛在彈簧上的物體越重，彈簧就會拉得越長。這是因為地球引力拉扯砝碼的力量，也就是重量不同的緣故。

★ 準備材料

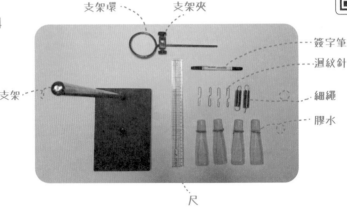

支架環　　支架夾

簽字筆

迴紋針

細繩

膠水

支架

尺

所需時間	難易度	實驗危險度	相關單元
20分鐘	★★☆☆☆	★☆☆☆☆	六年級下學期〈簡單機械〉單元

活動1 觀察彈簧根據重量不同的長度變化

1 將2個相同的彈簧分別掛在支架上。

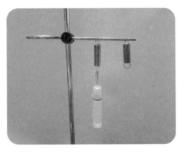

2 將其中一個彈簧尾端掛上膠水，確認一下彈簧的伸長量。

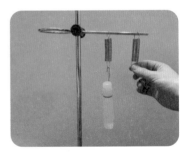

3 用手拉扯隔壁的彈簧至已伸長的彈簧長度，感受一下膠水的重量。

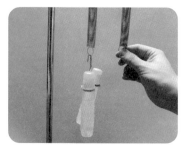

4 在一個彈簧尾端掛上2瓶膠水，確認一下彈簧伸長量。

5 用手拉扯隔壁的彈簧至已伸長的彈簧長度，感受一下膠水的重量。

活動2 請測量一下彈簧的伸長量

1 用簽字筆標示出彈簧掛上1瓶膠水時伸長的位置。

2 用簽字筆標示出彈簧掛上2瓶膠水時伸長的位置。

3 一次增加一個物體，測量看看彈簧的伸長量。試著在膠水數量和彈簧伸長量之間找出規則性。

 科學遊戲好好玩

請和朋友一起進行彈簧秤遊戲。

1. 在房間走動，找出可以掛在彈簧上的物體。

2. 用手拿起找來的物體，猜測大概會有多重。

3. 估算一下若將物體掛在彈簧上會增加多少長度，並各自寫下來。

4. 將物體掛到彈簧上，測量彈簧的伸長量。

5. 最接近彈簧伸長量的人獲勝。

18

縮短又變長的彈簧秤

彈簧是具有用手拉扯長度就會變長、鬆開拉住的手又會回到原本長度這種性質的物體。彈簧秤是利用彈簧會隨著物體重量伸長或縮短至一定長度的性質做出來的秤。

★ 準備材料

支架

各種物體

彈簧秤

所需時間	難易度	實驗危險度	相關單元
10分鐘	★☆☆☆☆	★★☆☆☆	六年級下學期〈簡單機械〉單元

活動1 請觀察彈簧秤

● **請確認彈簧秤各部位的名稱，並仔細觀察其刻度。**

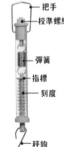

- 把手
- 校準螺絲
- 彈簧
- 指標
- 刻度
- 秤鉤

- 把手：用來吊掛彈簧秤。

- 校準螺絲：在沒有掛上任何物體時，將指針調整至刻度「0」的螺絲。

- 指標：可透過橫線輕鬆視讀的部分。

- 刻度：移動時指出物體的重量，一般會以公克（g）或公斤（kg）標示。

- 秤鉤：用來懸掛要使用彈簧秤測量的物品。

- 請想一想彈簧秤上標示的大小刻度顯示的重量各為多少。

活動2 請用彈簧秤測量物體重量

1 用手估測一下物體的重量。

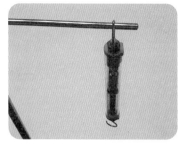

2 將彈簧秤掛在支架上。

3 轉動校準螺絲，讓指針指向刻度「0」的位置。

小叮嚀

在測量物體重量之前必須先將指針調整至刻度「0」的位置，這就叫做歸零。如果不調整至零點，就無法準確測量出物體重量。

4 將要測量的物體懸掛在彈簧秤的秤鉤上。雖然依照彈簧秤的種類會略有不同，但一般來說，彈簧秤難以測出300公克以下的重量。

5 依序測量各種物體的重量，並和自己估測的重量比較看看。

科學遊戲好好玩

如何用彈簧秤重呢？彈簧具有只要施加一定力量就會變形，如果去除那股力量就會回到原位的性質，這就稱作彈性。當物體越重，也就是拉扯彈簧的力量越大時，彈簧就會變得更長。將物體去除時，彈簧又會變回原本的模樣。我們正是利用這個性質來進行秤重。

翹翹板的重量小祕密

在保持水平時,即使是相同的力量,離支撐點越遠力氣就越大。因此要讓輕的物體遠離支撐點,讓重的物體靠近支撐點才能形成水平。

★準備材料

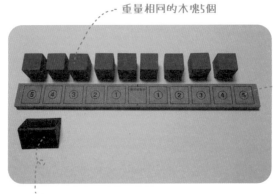

重量相同的木塊5個

有數字標示的木板

支座

所需時間	難易度	實驗危險度	相關單元
15分鐘	★★★☆☆	★☆☆☆☆	六年級下學期〈簡單機械〉單元

活動1 請試著抓出水平

1 將木板保持水平放在支座上。

小叮嚀

若支座位於木板中間,想要用重量相同的物體抓出水平時,就要將物體放在與支座相同距離的木板上。

2 分別在木板的左右兩側,各放一塊重量相同的木塊並抓出水平。

認識抓水平的原理

1 在木板左邊放上1個木塊，右邊放上2個木塊，試著抓出水平。

2 在木板左邊放上1個木塊，右邊放上3個木塊，試著抓出水平。

3 在木板左邊2號位置和右邊1號的位置各自放上適當數量的木塊，試著抓出水平。

4 在木板左邊3號位置和右邊1號的位置各自放上適當數量的木塊，試著抓出水平。

5 在木板左邊放上3個木塊，右邊放上2個木塊，試著抓出水平。

小叮嚀

若想要使用重量不同的物體來抓出水平，那麼重物要比輕物放得更接近支架一點。

 科學遊戲好好玩

和朋友一起進行驚險刺激的抓水平遊戲。

1. 取出任意2個物品，但要比手掌還小，這樣才能放到木板上。

2. 用手拿起物體估測一下重量。

3. 將物體放到木板上並抓住水平。這時使用計時器測量抓到水平的時間。水平必須離手，並保持木板不碰到桌面至少5秒以上。

4. 最快抓到水平的人獲勝。

用吸管做天平

天平是利用水平原理做出來的秤。在將物體放到與天平支撐點(中心點)距離相同的秤盤上時,傾向的那方物體較重。

★ 準備材料

密封袋4個

夾衣架

膠帶

迴紋針

吸管　毛線

所需時間	難易度	實驗危險度	相關單元
30分鐘	★★★☆☆	★☆☆☆☆	六年級下學期〈簡單機械〉單元

活動1 請試著用褲夾衣架做出天平

小叮嚀

迴紋針必須夾在褲夾的正中間才行。

1 將迴紋針穿在夾鏈袋中間。

2 用衣架上的褲夾夾住穿上迴紋針的夾鏈袋。使用做好的天平來測量一下物體重量。

活動2 　請試著用吸管做出天平

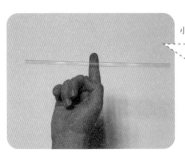

小叮嚀

將吸管放到食指上時，可以保持水平的地方就是中心點。

1 將吸管放到食指上，找出吸管的中心點。

2 用毛線綁住吸管的中心點。

小叮嚀

要綁上長度相同的毛線。

3 在距離中心點兩根手指的地方各綁上一條線。

4 用膠帶將夾鏈袋黏在吸管兩側的線上。試著用自己專屬的天平來測量一下物體重量。

 科學遊戲好好玩

請和朋友一起進行人體天平的遊戲。

1. 決定好一個要秤重的物體放入夾鏈袋，必須像鉛筆那麼輕的物品才行。

2. 用手拿起物體估測後，再拿另一個夾鏈袋，看看可以放入幾根迴紋針。

3. 待大家都估測完畢後，用自己的吸管天平來比較看看，估測值越接近的人獲勝。

閃閃發光的鹽水畫

可獨自進行 ☐
和朋友同樂 ☐
請由父母陪同 ☑

純物質是指像純金、水、鹽這些由一種物質形成的物質。混合物是指像糖水、鹽水、五穀飯這些由兩種以上純物質混合而成的物質。

★ 準備材料

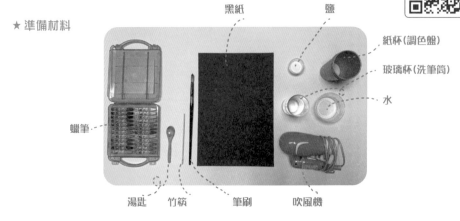

黑紙　鹽　紙杯(調色盤)　玻璃杯(洗筆筒)　水　吹風機　筆刷　竹筷　湯匙　蠟筆

所需時間	難易度	實驗危險度	相關單元
40分鐘	★★★☆☆	★★★☆☆	四年級下學期〈認識物質與物質的變化〉單元

活動1 請先進行創作鹽水畫的事前準備

小叮嚀

製作鹽水時，在26℃的溫水中將鹽以1.5：1的比例混合。當不管怎麼攪拌鹽都不會融化時，取出一點鹽水，加入想要的顏色顏料攪拌均勻，就能表現出鹽會閃閃發光的特徵。

1 在透明塑膠杯中加入鹽和水攪拌均勻。

2 將鹽水分別倒入紙杯中，並個別加入自己想要的顏色顏料，用竹筷攪拌均勻。

活動2 請試著創作鹽水畫

小叮嚀

用手觸摸時,必須使用觸感光滑的黑紙作畫,創作出的鹽水畫才會漂亮。

1 先用蠟筆在黑紙上作畫。

2 用染色的鹽水替圖畫上色。

3 用染色的鹽水替背景上色。

4 使用吹風機將畫吹乾。

 科學遊戲好好玩

鹽水畫為什麼會閃閃發光呢?因為雖然在鹽水中看不見,但其實裡面混有鹽的成分。只要用吹風機等替鹽水加熱,水分就會蒸發到空氣中,而鹽會硬化變成結晶。鹽結晶呈現正方體,並有完整平面。這些平面就像鏡子一樣會反射光線,因此會閃閃發光。此外因為鹽的粒子非常小,或者會殘留較粗的粒子,所以能夠完成凹凸有致又閃閃發光的神奇作品。

22 混在一起更好吃的零食

可獨自進行 ☐
和朋友同樂 ☑
請由父母陪同 ☑

鹽水、可樂、空氣、刨冰等都混合了兩種以上的物質。在混合物當中有像鹽水一樣將兩種物質混合均勻的混合物，也有像刨冰或泥漿這種物質沒有混合均勻的混合物。

★準備材料

巧克力

眼罩

湯匙

我的自製零食材料

水果乾　　玉米穀片　　大碗

所需時間	難易度	實驗危險度	相關單元
40分鐘	★★★★☆	★★★★☆	四年級下學期〈認識物質與物質的變化〉單元

活動1 試著用各種材料做出混合零食

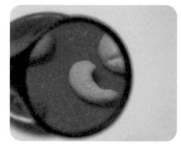

1 觀察一下玉米穀片、巧克力、水果乾等的形狀和顏色，並嚐嚐看味道。

2 在準備好的材料中選出2～3種混合後，做成混合零食。

3 用眼罩遮住眼睛後，吃一湯匙混合了多種食材的零食，並猜猜看裡面放了什麼材料。

活動2 試著做出混入各種食材的刨冰

1 將牛奶放入模具中結冰。

2 將冰凍的牛奶放入刨冰機刨成冰。

3 將草莓放到刨好的牛奶冰上。

小叮嚀

也可依照個人喜好加上玉米穀片、黃豆粉等想吃的配料。

4 淋上適量煉乳。用眼罩遮住眼睛後吃1湯匙,並猜猜看裡面放了什麼材料。

 科學遊戲好好玩

請和家人一起進行「猜食材」的遊戲。

1. 從冰箱拿出各種配菜。

2. 吃吃看這些配菜,並說說看裡面放了什麼食材。

3. 再也說不出裡面放的食材或講錯時就淘汰。

4. 最後一個留下的人獲勝。

百變顆粒積木分一分

我們可從混合物中分離出想要的物質並利用在需要的地方。可以從礦山中分離出黃金做成戒指或項鍊，或是從海水中分離出鹽於做菜時使用。

★ 準備材料

大碗……

百變顆粒積木…

……塑膠盤

造型圖案

所需時間	難易度	實驗危險度	相關單元
30分鐘	★☆☆☆☆	★☆☆☆☆	四年級下學期〈認識物質與物質的變化〉單元

活動1 在混合物尚未分離的狀態下使用看看

1 觀察一下大碗裡裝的各色百變顆粒積木。

2 準備好百變顆粒積木要用的造型圖案。

3 從混有各色百變顆粒積木的大碗中拿取積木並完成造型圖案。

活動2 在混合物分離好的狀態下使用看看

小叮嚀

在製作的過程中想一想和未將混合物分離時有那些地方不同。

1 將大碗中的百變顆粒積木分類裝到塑膠盤上。

2 從依照顏色分類的塑膠盤中拿取百變顆粒積木並完成造型圖案。

活動3 那些情況會將混合物分離出來使用？

1 使用自黃金礦石中分離出的黃金，製作成黃金耳環。

2 使用自原油中分離出的汽油，讓汽車移動。

 科學遊戲好好玩

生活中處處都在使用著分離混合物的方法。店家販賣的橘子會依照大小分類，若要依靠人力將橘子一一分類會需要很長的時間，因此利用篩選機將橘子依照大小分類。若將橘子放入越後面孔洞越大的篩選機中，橘子在經過篩選機時就會從小開始依序掉落，進行大小分類。用牛奶製作的鮮奶油、奶油和起司也使用了混合物分離法。首先只要不斷轉動牛奶，就會從牛奶中分離出脂肪型態的泡沫。這些泡沫就是鮮奶油，而奶油就是更用力將這些鮮奶油攪勻之後凝固製成的。起司則是將牛奶凝固後將蛋白質分離出來製成的。

24 看不見的鹽

可獨自進行 ☐
和朋友同樂 ☐
請由父母陪同 ☑

在分離鹽、沙混合物時要先將鹽溶於水中,將鹽和沙子分離後,再將鹽水加熱,將鹽和水分離。這是利用鹽溶於水、鹽水加熱時水變成水蒸氣的現象。

★ 準備材料

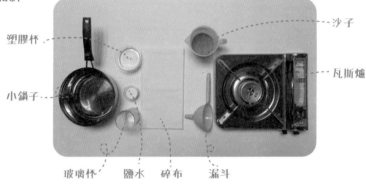

塑膠杯
小鍋子
玻璃杯　鹽水　碎布　漏斗
沙子
瓦斯爐

所需時間	難易度	實驗危險度	相關單元
30分鐘	★★★☆☆	★★★★★	四年級下學期〈認識物質與物質的變化〉單元

活動1 請將沙子分離出來

1 使用五感觀察一下鹽和沙子。

2 將鹽、沙子和水混合製成混合物。

3 將碎布鋪在漏斗內側。只要將漏斗沾水，布就能好好黏住。

4 將鹽＋水＋沙子的混合物慢慢倒入漏斗中。

5 觀察一下碎布上殘留的物質。

活動2 請將鹽分離出來

小叮嚀

熱鹽可能會濺出造成燙傷，因此請使用最小的火來加熱。

1 將過濾出的物質倒入小鍋中，使用瓦斯爐加熱，並觀察過程中出現的變化。

小叮嚀

如果馬上觸摸有可能會因太燙而被燙傷，因此請待完全冷卻後再觀察觸感。

2 觀察一下鍋中殘留的物質。

 科學遊戲好好玩

請利用蒸發來了解飲料中的物質。

1. 準備可樂、零卡可樂、柳橙汁等各種不同的飲料。

2. 將各種飲料倒入鍋中，用火煮至沸騰。

3. 用眼睛和鼻子觀察一下沸騰後所產生的物質。

4. 待沸騰後產生的物質冷卻之後，用筷子嚐嚐看味道。

自製再生紙

可獨自進行 ☐
和朋友同樂 ☐
請由父母陪同 ☑

再生紙是使用要丟掉的廢紙所製成的紙張。如果在影印時,只要使用10%的再生紙,每年就可以省下27萬棵樹,相當於3億韓元(約736萬臺幣)的錢。

★ 準備材料

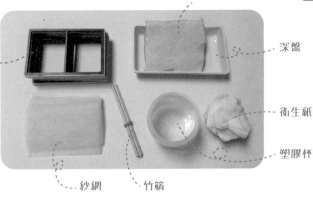

紙黏土

造紙框

深盤

衛生紙

塑膠杯

紗網

竹筷

所需時間	難易度	實驗危險度	相關單元
40分鐘	★★★★★	★★★★☆	四年級下學期〈認識物質與物質的變化〉單元

活動1 請用紙漿製作再生紙

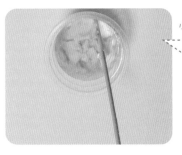

小叮嚀

紙黏土是將不要的紙張撕碎,泡在水中4～5小時至軟爛後,放入果汁機攪碎即可。

1 在塑膠杯中裝入半杯水後加入紙漿。

2 攪拌大約20分鐘至紙黏土完全溶解。也可使用洋蔥、橘子等天然染,替紙漿染色。

小叮嚀

也可使用餅乾壓模來當成造紙框。

小叮嚀

自製的再生紙可當成信紙使用。

3 將紗網放在造紙框上，再將紙漿慢慢倒入造紙框中。

4 將紙漿鋪平後風乾1～2天即可。

活動2　請用衛生紙製作再生紙

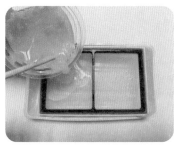

1 將用過的衛生紙剪成小塊，放入裝有水的塑膠杯中。

2 將造紙框放入深盤中，慢慢倒入以衛生紙做成的紙漿。

3 將紙漿鋪平後風乾1～2天即可。

 科學遊戲好好玩

如果有鹽和水，就能從雞蛋堆裡將新鮮的雞蛋分離出來。請將水裝入臉盆後，將雞蛋放在裡面。放入鹽溶化後，新鮮的雞蛋就會漂浮在水面上，而較久的雞蛋則會沉入水底。我們也可用水，將澀柿子變成甜柿子。柿子的澀味是來自於柿子中的單寧成分，而單寧是一種易溶於水中的成分，因此只要將澀柿子泡在水中，就可以去除單寧的成分，我們也能吃到美味的柿子。反之，我們有時候也會吃這種單寧成分，紅茶和綠茶就是用熱水沖泡出茶葉中的單寧成分。

初階科學實驗 **63**

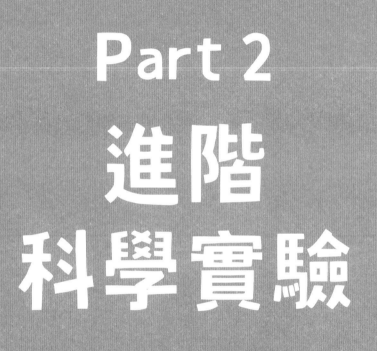

Part 2
進階
科學實驗

26 自製花草卡片

和朋友同樂 ☐
請由父母陪同 ☑

分類是指在各種混合的種類中，將相同種類的物品放在一起進行分類的動作。分類時請一次依照一種標準進行分類，標準可以自訂。我們可以根據葉子的長相替植物分成好幾類。

★ 準備材料

放大鏡

留言卡　　　　　　從住家附近收集到的花瓣和葉片　　　　桌曆

所需時間	難易度	實驗危險度	相關單元
40分鐘	★★★☆☆	★★★☆☆	五年級上學期〈植物的生活〉單元

活動1 請觀察葉片的長相

1 採集學校或住家附近的草葉或樹葉，並放在紙上。採集葉片時請向植物說聲「對不起！」。

2 使用放大鏡仔細觀察葉片的長相。

小叮嚀

請一邊思考下列問題的答案，一邊進行觀察。

- 葉子長成什麼形狀？看起來像什麼？
- 葉片末端是尖尖的還是圓圓的？
- 葉子邊緣是鋸齒狀嗎？用手摸起來是什麼感覺？
- 葉片只有一片嗎？還是有好幾片？

活動2 請製作花草卡片和月曆

小叮嚀
使用白膠會很容易脫落,因此請用力壓緊,直到完全黏住為止。

1 在收集回來的花瓣背後塗上白膠。

2 將花瓣貼在留言卡上。

3 在留言卡上寫上想說的話。

4 請完成珍貴的自製花草卡片。

5 在剩下的花瓣背面塗上白膠,貼在桌曆上的空白處。

 科學遊戲好好玩

請和家人一起進行葉片分類遊戲。

1. 將收集到的葉片全部放在一起。

2. 由猜拳贏的人進行葉片分類,但不要說出分類標準。

3. 想想看分類的標準,最先找到分類標準的人舉手說出答案。若猜題者答對,就由那個人重新分類,其他的人猜測答案。若猜錯就再仔細思考看看。猜中最多分類標準的人獲勝。

自製押花作品

可獨自進行 ☐
和朋友同樂 ☐
請由父母陪同 ☑

草原或山裡長著蒲公英、狗尾草、三葉草（苜蓿）、紅心藜等草本植物及松樹、栗子樹、槲樹和楓樹等樹木。

★ 準備材料

採集到的植物

厚重的書本

薄棉紙

所需時間	難易度	實驗危險度	相關單元
40分鐘	★★★☆☆	★★★☆☆	五年級上學期〈植物的生活〉單元

活動1 查詢國家生物種知識情報系統

1 在入口網站中輸入「國家生物種知識情報系統（www.nature.go.kr）」搜尋。＊

2 在「植物資源」選單中點選植物圖鑑。

3 點選「用名稱搜尋」標籤，並在搜尋視窗內輸入想要尋找的植物名稱。若還想要尋找平時就想認識的植物，可在「用外型和顏色搜尋」選單中搜尋。

＊譯註：國家生物種知識情報系統網站是類似韓國林務局的機構。另可參考臺灣行政院農業委員會網站「農業知識入口網」的植物圖鑑（https://kmweb.coa.gov.tw/ws.php?id=33）。

活動2 請製作自己專屬的押花作品

小叮嚀

收集很多花來製作押花作品時，雖然可使用書本，但也能使用薄棉紙製作。使用薄棉紙時請將花放入兩張薄棉紙中，並使用厚重書本壓在上面。

1 將收集到的植物放到書上。最好能使用可以將植物牢牢壓住的重書。請使用即使內頁稍微髒掉也沒關係的書。

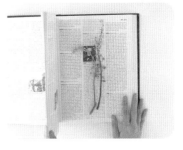

2 輕輕蓋上書頁。

3 將書的封面蓋上，讓裡面的花可以被書頁充分壓緊。如果一直放在同一個位子可能會造成植物變軟，因此請一天換一頁讓植物乾燥。

4 1～2週後就能看到完全乾燥的押花成品。

5 將各式各樣的花收集起來做成押花作品。

 科學遊戲好好玩

請和家人一起製作押花相框。

1. 和家人一起採集住家附近的各種花朵，並將它漂亮的排列在薄棉紙上。

2. 使用報紙和薄棉紙或植物押花器來做成押花作品。

3. 將做好的押花作品放入相框內。

4. 在作品下方寫上完成日和全家人的姓名。

用布袋蓮蓋章

在河裡或蓮花池裡生活著各種植物。根據生活地點不同，有浸泡在水中的植物，也有飄浮在水面上的植物。此外，根據特徵不同，又分為葉片漂浮在水面上和葉片長在水面上的植物。布袋蓮具有浮在水面上的特點。

★ 準備材料

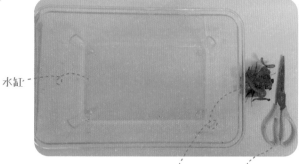

水缸

布袋蓮　　剪刀　　　顏料、圖畫紙

所需時間	難易度	實驗危險度	相關單元
30分鐘	★★★☆☆	★★★☆☆	五年級上學期〈植物的生活〉單元

活動1 　請觀察布袋蓮

小叮嚀

仔細觀察一下布袋蓮的葉片形狀。
- 葉片整體的形狀（葉子長成什麼形狀？看起來如何？）
- 葉片末端的形狀（葉片末端是尖的還是圓的？
- 葉緣的形狀（葉緣有鋸齒狀嗎？用手摸起來是什麼感覺？）
- 葉片數量（只有1片葉子嗎？還是有好幾片呢？）

1 仔細觀察一下布袋蓮的整體外形。

小叮嚀

請以縱切和橫切方式剪開葉柄，並比較一下外形。

2 用剪刀剪開布袋蓮的葉柄觀察一下。

小叮嚀

透過這個活動來思考一下布袋蓮為什麼會漂浮在水面上。

3 將剪開的布袋蓮葉柄泡到裝有水的水缸裡，用手指按壓看看。

活動2 用布袋蓮蓋章

小叮嚀

若沾取太多顏料，葉柄網紋的形狀就會變得不明顯，因此請在外層稍微沾取一些顏料即可。

1 將葉柄的斷面泡入顏料裡。

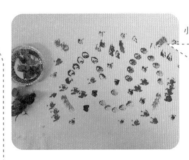

小叮嚀

也可使用簽字筆取代顏料塗抹在葉柄的斷面上，這樣就能看到更清楚的形狀。

2 試著將沾了顏料的葉柄蓋在圖畫紙上看看。

 科學遊戲好好玩

請和父母一起進行布袋蓮咕嚕咕嚕的遊戲。

1. 將布袋蓮剪成各種不同的樣子。

2. 將剪好的布袋蓮泡到水缸裡用力按壓，讓它冒出氣泡。

3. 了解一下要如何剪才能冒出更多泡泡。

製作仙人掌盆栽

可獨自進行 ☐
和朋友同樂 ☑
請由父母陪同 ☑

　　沙漠中生活著仙人掌、龍舌蘭、猢猻木等多種植物。生活在沙漠中的植物葉片通常很小或變成尖刺，這樣可以防止水分蒸發。仙人掌粗大的莖具有儲水功能。

★準備材料

鵝卵石 ─── 花盆　　白膠

軟木塞 ─── 瞬間膠

顏料

毛絨球

所需時間	難易度	實驗危險度	相關單元
40分鐘	★★★☆☆	★★★★☆	五年級上學期〈植物的生活〉單元

活動1 請製作花盆

1 將軟木塞剪成碎屑。

2 在花盆裡塞滿毛絨球，並在上面淋上一層白膠。

3 將剪碎的軟木塞撒在花盆裡。

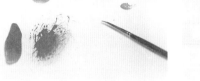 **請製作鵝卵石仙人掌**

1 用顏料替鵝卵石上色。

2 用白色顏料畫出仙人掌上面的刺。

3 將瞬間膠擠在花盆上。

4 將已上色的鵝卵石黏上去。

5 以相同的方法將其他鵝卵石一一黏上。

6 作品完成了。

 科學遊戲好好玩

如果被仙人掌的刺刺到，會非常的痛。我相信大家應該都有第一次見到仙人掌時因為好奇摸了一下而被刺到的經驗。雖然我們身邊常見的觀賞用仙人掌的刺已經很尖了，但生活在野生的仙人掌為了躲避捕食者求生存，刺變得更加發達，所以也尖銳許多。這些仙人掌的刺就像鋸齒般歪歪扭扭的長在邊緣，因此非常容易刺入皮膚，一旦刺入了卻又很難拔除。雖然沒有毒性，但因為仙人掌刺非常粗，有可能會深深扎入動物的肌肉裡。仙人掌就是多虧了這些刺，雖然無法移動，但還是能保護自己。

30 製作天然加溼器

植物具有多種特徵可以適應環境。人類也會利用這些植物特徵讓生活變得更加方便。松果具有含水的性質，只要泡在水裡就會緊縮，乾掉之後就會展開。

★準備材料

小蘇打粉

住家附近的松果

鍋子

所需時間	難易度	實驗危險度	相關單元
30分鐘	★★★☆☆	★★★★☆	五年級上學期〈植物的生活〉單元

活動1 請將松果清洗乾淨

1 將松果放入鍋子裡。

2 將小蘇打粉撒在松果上，加水直到蓋過松果為止。

小叮嚀

就算多撒一些小蘇打粉也沒關係。

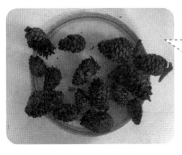

小叮嚀

用水煮沸的期間松果會吸收水分縮起來，所以體積也會變小。

3 加熱至水沸騰。水滾後續煮 15～20分鐘將松果中的雜質去除。如果水變黑色，就換上新的水再煮一次。

活動2 🔬 **請製作松果加溼器**

小叮嚀

將松果放在乾燥的地方就會慢慢變乾並提供水分給周遭環境。當松果乾掉之後請再次將松果淋溼。一般來說1週只要淋1次水就可以了。

將松果放入適當的容器中並置於乾燥處風乾，天然的松果加溼器就完成了。

 科學遊戲好好玩

請和家人一起玩投松果遊戲。

1. 請準備一個籃子。

2. 在可以將松果投進籃子裡的距離定出投擲線。

3. 投擲規定好的個數，數一數投進籃子裡的松果有幾顆。

4. 籃子裡投入最多顆松果的人獲勝。

製作清涼香甜的果汁冰塊

物質有固體、液體和氣體三種狀態。固體可以用手抓住，形狀和體積都是固定的；液體雖然能用眼看見，但無法用手抓住；氣體的形狀和體積全部都會改變。水的固體狀態叫做冰塊，氣體狀態則叫做水蒸氣。

★ 準備材料

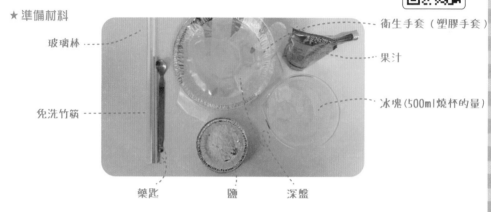

玻璃棒 ----
免洗竹筷 ----
藥匙   鹽   深盤

---- 衛生手套（塑膠手套）
---- 果汁
---- 冰塊（500ml燒杯的量）

所需時間	難易度	實驗危險度	相關單元
30分鐘	★★☆☆☆	★★★☆☆	三年級下學期〈水的變化〉單元

活動1 請製作果汁冰塊

1 將敲碎的冰塊和鹽交錯放入燒杯中。

2 用玻璃棒攪拌均勻。

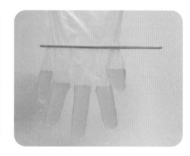

3 將果汁裝入塑膠手套手指的部分，接著將手套上半部夾入免洗竹筷中間的隙縫固定。

活動2 請確認一下果汁冰塊

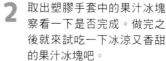

可見到液體狀態的果汁變成固體狀態果汁冰塊。

1 將裝有果汁的塑膠手套放入燒杯中靜待10分鐘。

只要看一下燒杯，就能發現裡面的冰塊稍微融化了一些。

2 取出塑膠手套中的果汁冰塊察看一下是否完成。做完之後就來試吃一下冰涼又香甜的果汁冰塊吧。

請試著使用不同大小的塑膠手套來製作果汁冰塊，比較一下結冰前和結冰後的狀態，並確認一下液體和固體的特徵。

3 請試著用其他飲料來製作冰塊。

 科學遊戲好好玩

燒杯裡的冰塊融化是因為「熱傳導」的現象。當溫度不同的兩個物體接觸時，溫度高的物體會將熱傳導至溫度低的物體上。起初溫度高的物體會降溫，而溫度低的物體溫度會升得比剛開始高，最後兩個物體的溫度會變得差不多。當液態的果汁和固態的冰塊相遇時，果汁的溫度較高，所以原本位於果汁的熱傳導至冰塊上，讓冰塊因此融化。而果汁因為熱能被冰塊搶走了，所以才會變成低溫固體狀態的冰塊。那如果再繼續放下去，果汁會變得更冰，冰塊會持續融化嗎？答案是不會。溫度已經變得相似的兩個物體，不會再傳導熱能，熱能移動的狀態也已經靜止，不會再繼續發生，這種現象就稱為「熱平衡」。

馬上結冰的冰塊塔

水結冰時體積雖然會增加，重量卻不會改變。冰塊融化時體積雖然會縮小，但重量也不會改變。

★ 準備材料

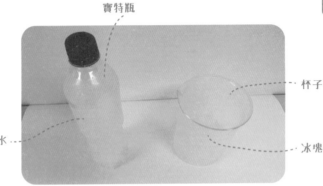

寶特瓶

杯子

水

冰塊

所需時間	難易度	實驗危險度	相關單元
30分鐘	★★★★★	★★★☆☆	三年級下學期〈水的變化〉單元

活動1 請試著降低水的溫度

小叮嚀

不要放在冷凍庫太久，讓水結冰了。

1 將水裝入寶特瓶中，放入冷凍庫大約2小時左右。（以330ml寶特瓶為準）

2 將水裝入製冰盒中，冰在冷凍庫久一點，讓它結冰。

活動2 請試著做出冰塊塔

1 在杯中裝入滿滿的冰塊。

小叮嚀

將寶特瓶從冷凍庫取出並拿到位子上時，小心不要衝撞到瓶身。

2 小心取出冰在冷凍庫裡的寶特瓶，將水慢慢倒在冰塊上。

3 可以看到冰塊上的水立刻結冰，形成了冰塊塔。

科學遊戲好好玩

只要一倒出來就會結冰的神奇冰塊塔是怎麼形成的？原因就在於水的狀態變化。這個實驗是要製作出「過冷」狀態的水。水到一定溫度時狀態就會變化。當水溫達到100℃時就會變成氣體，降到0℃以下則會變成固態的冰塊。但只要放在冷凍庫裡的水不要受到任何撞擊並持續降溫，那麼即使降到0℃以下也會以液體狀態存在。因為冷凍庫的溫度變化太快，物質狀態無法跟上溫度時，就會維持之前的狀態結構。過冷是個非常不安定的狀態，只要一受到撞擊就會立刻結冰。「過冷」這個名稱是從「過度快速冷卻」的含意中而來。

33 自製橘皮茶

蒸發是指水面上的水變成水蒸氣的現象,例如:曬辣椒、曬魷魚、晾溼衣服或將溼頭髮吹乾等。

★ 準備材料

小蘇打粉

橘子皮　　剪刀

平底鍋

所需時間	難易度	實驗危險度	相關單元
40分鐘	★★★★☆	★★★☆☆	三年級下學期〈水的變化〉單元

活動1 請將橘皮剪成小塊。

也可將橘皮剪成長條狀。

1　使用小蘇打粉將橘子洗淨後,將吃完剩下的橘子皮收集起來。只要準備3～4顆橘子分量的皮就夠了。

2　用剪刀將橘皮剪成小塊。

活動2 請試著做出橘皮茶

小叮嚀

重複這兩個過程直到橘皮變得像餅乾一樣酥脆。

1 將剪成小塊的橘皮放入平底鍋中用小火焙炒。

2 將炒好的橘皮放入碗中冷卻。

3 將乾燥的橘皮放入茶壺中以熱水沖泡。

4 等橘皮中的成份被浸泡出來，就會變成淺黃色的橘皮茶了。

5 請用漂亮的杯子裝入橘皮茶喝看看吧。

小叮嚀

加入蜂蜜會更好喝喔。

 科學遊戲好好玩

橘皮茶是從很早以前就有人在喝的茶，甚至還有一句韓國俗話說：「與其要丟橘皮，倒不如丟橘子好。」呢！橘皮茶中的橘皮可作為中藥的藥材（陳皮），提高免疫力，對於冬季慢性疾病——感冒也很有幫助。此外橘皮對消化器官也好，因此被用來幫助消化。冬天不妨就和家人一起在家中來杯溫暖的橘皮茶怎麼樣呢？

34 杯子裡的雨滴

可獨自進行 ☐
和朋友同樂 ☐
請由父母陪同 ☑

蒸發是指液體變成氣體狀態的現象。在我們身邊水分蒸發的例子有晾衣服、吹乾溼頭髮、曬魷魚等。凝結是指氣體變成液體狀態，在裝有冰塊的飲料杯、結露現象等都可看到。

★ 準備材料

保冷劑／冰敷袋

小杯子

塑膠袋

大盆

所需時間	難易度	實驗危險度	相關單元
30分鐘	★★☆☆☆	★★★★☆	三年級下學期〈水的變化〉單元

活動1 請製作水蒸氣

1 準備一個大盆子。

2 在盆子裡放入小杯子。

3 將熱水倒入盆子中，差不多倒小杯子一半的高度即可。接著用塑膠袋將盆子開口蓋住。

活動2 請試著讓小杯子開始下雨

小叮嚀

請小心不要放過多保冷劑讓塑膠袋破裂。

1 將事先結凍好的保冷劑放到塑膠袋上。

2 觀察一下當水蒸氣蒸發後，遇到上面放著冰塊的冷空氣而變成水滴的凝結現象。

小叮嚀

透過這個實驗可以確認水循環的事實。有很多熱水時就會產生水蒸氣，接著凝結成許多水滴，滴落在小杯子裡。這就是為什麼在炎炎夏日裡會下很多雨的原因。

3 待凝結現象結束後，確認一下小杯子中像雨落下的水滴數量。

 科學遊戲好好玩

請和家人一起試著造雲吧！在水蒸氣凝結的實驗中可以讓雲變得可用肉眼見到。

1. 進行和以上相同的實驗。

2. 蓋好塑膠袋後，點燃火柴又熄火後立刻丟入盆子裡，再將塑膠袋蓋回去。

3. 火柴的煙發揮了絮凝劑的作用，只要將塑膠袋打開雲就完成了。

35

製作不織布加溼器

　　不織布加溼器就是利用蒸發現象來為空氣補充水分。下過大雨的街道或溼衣服只要過一段時間之後就會變乾，這是因為水變成我們肉眼看不見的水蒸氣，飄散到空中的緣故。

★ 準備材料

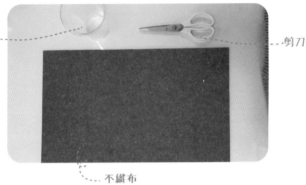

杯子

剪刀

不織布

所需時間	難易度	實驗危險度	相關單元
30分鐘	★☆☆☆☆	★★☆☆☆	三年級下學期〈水的變化〉單元

活動1 請剪開不織布

1 將自己喜歡顏色的不織布剪成一塊長方形。

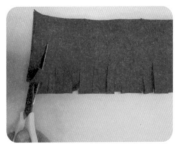

2 將上下對折，並用剪刀將對摺處以固定距離剪開。

3 在對折的狀態之下對折並捲起來。最好能將不織布像蝴蝶結一樣綁起來不要讓它鬆開。

活動2 請製作不織布加溼器

小叮嚀

請讓不織布碰到杯底，這樣才能吸收更多水分。

1 將剪好的不織布放入裝有水的杯子裡。

小叮嚀

可以剪成各種形狀來製作不織布加溼器，或是混合多種顏色的不織布來製作也很棒。

2 不需擔心健康問題的天然不織布加溼器完成了。

 科學遊戲好好玩

利用水的狀態變化的天然加溼器，除了不織布加溼器之外還有很多種。

— 雞蛋：在雞蛋頂端鑽洞，取出內容物後洗淨蛋殼並灌滿水，這樣就能發揮天然加溼器的作用。

— 溼衣服：這是在我們日常生活中最常使用的天然加溼器。若洗衣服的最後一道程序使用熱水沖洗，並掛在屋內晾乾，就能讓室內空氣變得溫暖。

— 木炭：將木炭洗淨後放在通風良好的陰涼處晾乾。接著在碗裡放入水和木炭，這樣泡在水中的木炭就能淨化空氣並產生溼氣。

— 果皮：將水分多的檸檬和橘子等果皮曬乾後隨時在上面噴水，不僅能提高空氣中的溼度，還能發揮芳香劑的作用。

36

製造球的影子

若要產生影子，就必須在物體上照射光線才行。以手電筒－物體－螢幕的順序排列時就會產生影子。

★ 準備材料

白紙

球

毛線

手電筒

膠帶

剪刀

所需時間	難易度	實驗危險度	相關單元
20分鐘	★★☆☆☆	★★☆☆☆	五年級上學期〈太陽與光的折射〉單元

活動1 請製作影子球

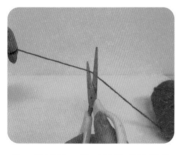

1 使用剪刀將毛線剪成適當的長度。

2 將毛線放在球上，並用膠帶黏貼固定。

小叮嚀

毛線也可不用膠帶，而是以打結固定。

請觀察一下影子

小叮嚀

也可使用手機的「手電筒」功能來代替真正的手電筒。請使用手電筒照射,一邊改變球的位置,一邊觀察影子大小的變化。想想看這個實驗為什麼會用到白紙或壁紙。

將白紙立在桌面上並使用手電筒照射後,利用做出手把的球來確認一下影子。

活動3 ...

請聊一聊影子形成的經驗

在操場上看到自己的影子。

在路上看到自行車的影子。

在書桌上看到咖啡杯的影子。

 科學遊戲好好玩

看到影子就能準確的猜中物體嗎?答案是「猜不中」。雖然靠影子可以知道某個程度的物體形狀,但卻無法準確猜中。因為雖然實際形狀是立體的,但影子卻總是平面。只要看過將實際樣貌做成卡通或2D遊戲的樣子後,就很容易看出與現實的不同點。將杯底對準光源所形成的影子雖然看起來是圓球狀,但其實是杯子的形狀。也有利用這種影子特性來進行的皮影戲或手影遊戲。

製作我的投影作品

在光線向前行進時,若遇上不透明的物體,光線就無法通過,會形成濃濃的陰影;在光線向前行進時,若遇上了透明的物體,大部分的光線可以通過,因而形成淡淡的陰影。

★ 準備材料

白紙 ......

玻璃杯 ......

...... 透明膠片

...... 有顏色的陶瓷杯

...... 手電筒

所需時間	難易度	實驗危險度	相關單元
20分鐘	★★★☆☆	★☆☆☆☆	五年級上學期〈太陽與光的折射〉單元

活動1 不透明陶瓷杯與透明玻璃杯的影子

小叮嚀

不透明陶瓷杯的影子又深又明顯。

1 白紙、陶瓷杯和手電筒排在一直線上。使用手機的「手電筒」功能代替手電筒也很方便。若不好固定白紙,也可投影在家裡的壁紙上。

2 請將屋內光線調暗,用手電筒照在陶瓷杯上,觀察白紙上的影子模樣。

小叮嚀

透明玻璃杯的影子又淺又不清晰。光線大多都可穿透透明物體，卻完全無法穿透不透明物體。

3 將透明杯放好，使用手電筒照射並觀察一下影子。

活動2 使用透明膠片畫出我的投影作品

小叮嚀

框線使用黑色，再使用各種顏色塗滿內部，就能做出漂亮的投影作品。

1 使用油性筆在透明膠片上作畫。

2 畫好圖案後，使用各種顏色塗滿內部，試著做出自己專屬的投影作品。

 科學遊戲好好玩

影子有顏色嗎？我們生活中見到的影子大多都是黑色的，但也有簡單的方法能作出彩色影子。只要用手電筒照在使用玻璃紙作成的物體上，就能看見與玻璃紙同色的影子，甚至還可混合多色影子，變成其他顏色呢！

手影遊戲

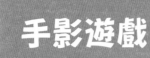

光線沿著直線前進的特性就稱為光的直進。物體和影子的形狀相似就是因為光線直進的緣故。若改變物體擺設的方向,受光面的形狀變得不同,影子形狀也會跟著不同。

★ 準備材料

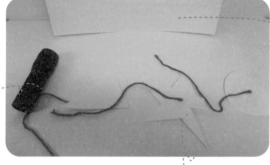

用來當作投影幕的圖畫紙

手電筒(或智慧型手機)

剪出造型的紙片

所需時間	難易度	實驗危險度	相關單元
30分鐘	★★☆☆☆	★☆☆☆☆	五年級上學期〈太陽與光的折射〉單元

活動1 請觀察一下紙張的影子

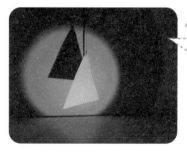

小叮嚀

移動造型紙片,試著改變影子的大小。

依照螢幕－各種造型紙片－手電筒的順序排好之後,將周遭光線調暗後開啟手電筒。觀察一下螢幕上出現的是什麼形狀的影子。

活動2 請試著玩手影遊戲

1 用手代替紙片做出形狀，並確認一下作出的影子造型。

小叮嚀
最好等太陽下山天黑後再玩。

2 用手做出各種形狀來進行手影遊戲。

小叮嚀
請試著用手做出上面以外的各種新造型。

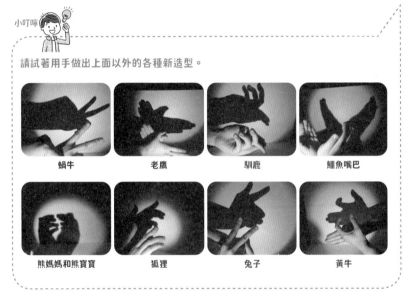

| 蝸牛 | 老鷹 | 馴鹿 | 鱷魚嘴巴 |

| 熊媽媽和熊寶寶 | 狐狸 | 兔子 | 黃牛 |

 科學遊戲好好玩

在以前沒有電的時代會利用燭光或油燈來玩影子遊戲。不須特別的材料，只要有燈光和可以投射出影子的牆壁就夠了。因為隨時隨地都能玩，是一項可以不需準備就輕鬆進行的遊戲。用手就能做出各種形狀，也有人會利用手之外的木棒等其他材料來製作影子。

現在影子遊戲被認可為專業的表演藝術領域之一，我們可以欣賞到皮影戲、皮影藝術等高水準的作品。

製作影子作品

39

可獨自進行 ☐
和朋友同樂 ☑
請由父母陪同 ☐

想要放大影子尺寸，螢幕和物體保持不動，只要拿著手電筒接近物體就好。反之，若想縮小影子尺寸，螢幕和物體保持不動，只要拿著手電筒遠離即可。

★ 準備材料

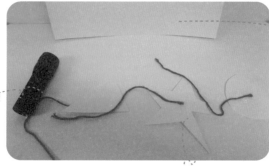

用來當作投影幕的圖畫紙

手電筒（或智慧型手機）

剪出造型的紙片

所需時間	難易度	實驗危險度	相關單元
35分鐘	★★☆☆☆	★☆☆☆☆	五年級上學期〈太陽與光的折射〉單元

活動1 請用各種造型紙片改變影子的大小

1 將螢幕、造型紙片和手電筒放在同一直線上。可用膠帶將圖畫紙稍微黏在家中牆上，就能輕鬆做出投影螢幕了。

2 將手電筒往前移，越接近造型紙片，影子也會變得越大。

3 將手電筒向後移，越遠離造型紙片，影子也會變得越小。

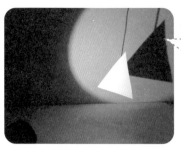

在改變影子大小時，也請一同確認影子顏色會產生什麼變化。

4 將造型紙片往手電筒方向移動，越接近手電筒，影子就變得越大。

5 將造型紙片往螢幕方向移動，越接近螢幕，影子就變得越小。

活動2 請試著做出影子作品

● 根據物體、手電筒和螢幕之間的距離，影子的大小和濃度也會變得不同，請利用這些性質來製作影子作品。
影子是將物體的實際外型轉到螢幕平面上，所以立體造型全都會變成平面。

小叮嚀
就算實際看起來物體像是聚集在一起的樣子，但透過子形成的模樣也可能會變成另一種造型。

 科學遊戲好好玩

請利用紙偶來演出皮影戲。

1. 選出想要演成話劇的故事或重新創作自己的故事。

2. 將故事中出現的人物或道具用紙剪下來，做成紙偶。

3. 用飛機木做成框架後，在裡面蓋上白紙做成螢幕。

4. 將竹筷或長棍黏在紙偶上，並在螢幕後方設置手電筒。

5. 試著代入故事中的人物情感，演出一場逼真的皮影戲吧！

40 五彩繽紛的萬花筒

可獨自進行 ☐
和朋友同樂 ☐
請由父母陪同 ☑

光前進時碰到鏡子就會改變方向的性質稱為光的反射。鏡子是利用光的反射來照映出物體外型的道具。使用鏡子就可改變光的方向。

★準備材料

膠帶
珠子多顆
壓克力鏡子
美工刀
色紙
白紙
尺

所需時間	難易度	實驗危險度	相關單元
40分鐘	★★★★☆	★★★☆☆	五年級上學期〈太陽與光的折射〉單元

活動1 請做出三角柱

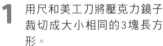

小叮嚀

在使用美工刀裁切壓克力鏡子時要注意安全。

1 用尺和美工刀將壓克力鏡子裁切成大小相同的3塊長方形。

2 在壓克力鏡子之間留出一點距離，用膠帶將鏡子黏在一起。

活動2 請做出漂亮的鏡面萬花筒

1 用色紙裝飾一下做好的三角柱表面。

2 使用膠帶或透明膠片堵住三角柱的其中一端。

3 在三角柱中放入各種造型的珠子。

4 用色紙堵住三角柱的另一端,並在色紙上挖出一個小洞。

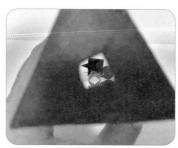

5 將其中一隻眼睛靠在洞口看一看。

6 若壓克力鏡子持續反射光線,就能看到美麗的形狀。

 科學遊戲好好玩

請和家人一起進行射靶遊戲。

1. 將紙靶貼在牆壁上,準備一支手電筒和鏡子。

2. 和父母一起玩,其中一人拿著手電筒,另一人拿著鏡子。

3. 關燈並將手電筒的光射向靶心看看。

4. 調整鏡子的方向,讓光線能夠射到紙靶內。

41

咕嚕咕嚕冒出泡泡的火山

火山是在地底深處由岩石融化的岩漿噴射向地表形成的地形,大小和長相非常多樣。火山的頂端有凹陷的火山口。

★ 準備材料

顏料　　優酪乳瓶

醋

小蘇打粉

彩色油性黏土

所需時間	難易度	實驗危險度	相關單元
30分鐘	★★★☆☆	★★★☆☆	六年級上學期〈地表的變化〉單元

活動1 　請裝飾火山

小叮嚀

在使用油性黏土裝飾火山時,請將優酪乳空瓶作為支柱,也可做成實際火山造型。在製作火山造型時請注意不要將優酪乳瓶的瓶口堵住。

1 請用彩色油性黏土將優酪乳空瓶做成山的造型。

錫納朋火山（印尼）

基拉韋厄火山（夏威夷）

富士山（日本）

2 在裝飾火山時，觀察一下世界各國著名火山的外型。

活動2 請製作會咕嚕冒出的火山泡沫

1 在優酪乳瓶中放入1湯匙小蘇打粉。

小叮嚀

可將岩漿做成紅色或其它想做的顏色。

2 在裡面加入可以做出火山泡沫顏色的顏料。

3 一次加入1滴醋看看會發生什麼事。

小叮嚀

當兩種物質產生化學反應時，請勿靠太近觀察。

4 當小蘇打粉和醋結合時會產生化學反應，冒出咕嚕咕嚕的火山泡沫。

42

用棉花糖製作火山噴發物

火山噴發時所產生的物質就叫火山噴發物。火山噴發物中含有氣體的火山氣、固體的火山灰和火山岩碎片等。

★準備材料

棉花糖

鋁箔盤

平底鍋

顏料

鋁箔紙

所需時間	難易度	實驗危險度	相關單元
30分鐘	★★★★☆	★★★★★	六年級上學期〈地表的變化〉單元

活動1 請用棉花糖做出火山模型

1 使用鋁箔紙包覆整個平底鍋。

2 將大小適中的玻璃杯放到鋁箔紙上包起來,做成火山的形狀。

3 鋁箔紙的大小只要能裝入全部的棉花糖就好。用鋁箔紙做成中空的火山造型。

小叮嚀

必須要塞滿棉花糖，這樣在加熱時才能看到流出噴發物的火山。

4 將棉花糖壓入火山模型中，並將模型放到平底鍋上。

5 將想要的彩色顏料調稀後加入棉花糖，觀察一下染色的棉花糖。

活動2 請用棉花糖重現火山爆發

1 將平底鍋放到瓦斯爐上以小火加熱，棉花糖就會開始融化。

2 就像火山一樣，棉花糖開始從鋁箔火山中溢出。

3 觀察一下有如火山噴發物溢出的棉花糖火山。

 科學遊戲好好玩

　　火山中的熔岩到底是從哪裡跑出的呢？答案就在地球的構造上。我們所見的一切並非地球全貌，地球是由地核、地函和地殼這三層所組成的。我們居住的地方——地殼只是這其中的一層。其實地函占據的部分比地殼高出許多，熔岩就是從地殼下方的地函產生的。因為地函非常熱，所以熔岩並沒有凝固，而是像液體般流動。

43

製作玄武岩

可獨自進行 ☐
和朋友同樂 ☐
請由父母陪同 ☑

由岩漿活動形成的岩石就稱為火成岩。而在火成岩中最出名的就是玄武岩和花崗岩。玄武岩的顆粒小，顏色較暗，而且上面有孔洞；花崗岩的顆粒大，顏色較亮，含有多種顏色。

★ 準備材料

放大鏡

製作玄武岩實驗材料包
（碳酸氫鈉、檸檬酸、石膏粉、活性碳、紙杯、木棒）

玄武岩、花崗岩的岩石標本　　　白紙

所需時間	難易度	實驗危險度	相關單元
40分鐘	★★★☆☆	★★★☆☆	六年級上學期〈地表的變化〉單元

活動1　請觀察一下玄武岩和花崗岩

為了能清楚看見岩石的顏色，請將岩石標本放到白紙上，並使用放大鏡觀察。

小叮嚀

仔細觀察一下顆粒大小、顏色和表面等。
- 玄武岩的顏色很暗，但花崗岩呈現亮灰色。
- 玄武岩的顆粒很小，但花崗岩的顆粒很大，還有多種不同顆粒。
- 玄武岩的表面大多分布著大大小小的洞，但花崗岩的表面有閃閃發亮的顆粒或黑色顆粒。

活動2 🔬 請製作玄武岩

1 將半杯左右的石膏粉倒入紙杯。

2 加入1湯匙活性碳。

3 加入5湯匙碳酸氫鈉。

4 用木棒攪拌均勻。

5 使用滴管加入溫水至杯子大約1/2處。

6 倒入檸檬酸，觀察一下石膏糊冒泡的樣子。

7 置於常溫一天左右，讓石膏凝固。

小叮嚀

在完全凝固之前請勿觸碰，需要花一天以上的時間凝固。

8 石膏完全凝固後，從紙杯中取出，切塊後觀察一下斷面。

9 觀察各種形狀的玄武岩模型。

44 用手感受地震

可獨自進行 ☐
和朋友同樂 ☐
請由父母陪同 ☑

地震是當地球內部受到作用力，導致土地斷裂時所發生的。也會因地表的脆弱、地下洞穴的陷落或火山活動而發生。

★ 準備材料

珍珠板

所需時間	難易度	實驗危險度	相關單元
20分鐘	★☆☆☆☆	★★☆☆☆	六年級上學期〈地表的變化〉單元

活動1 請實驗一下地震發生模型

1 以雙手輕輕抓住珍珠板兩側，並往中間施力。

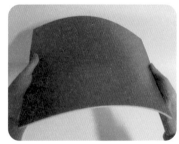

2 稍微再用力一點，觀察一下珍珠板變硬的樣子。在不讓珍珠板斷裂的情況之下施力時，觀察一下珍珠板是如何移動的。

小叮嚀

不要一次就很用力下壓，而是要
慢慢增加力道。

3 持續漸漸增加對珍珠板施加
的力量，確認珍珠板斷裂的
瞬間。

4 說說看當珍珠板斷裂時，手
有什麼感覺？

活動2 🔬 請用手感覺一下地震

1 請和爸媽一人抓住珍珠板的
一側，並同時將手向前推。

2 持續將手推向彼此，並確認
一下珍珠板的變化。

3 和爸媽說一說當珍珠板斷裂
時，手有什麼感覺？

小叮嚀

在爸媽的手和我的手之中，誰的手會比較
抖呢？當珍珠板斷裂時，較弱小的我的手
會比較抖，因此在實際的地震中，地表較
脆弱部分受到的災害也會比較大。

活動3 🔬 將地震發生模型和實際地震比較一下

● 珍珠板斷裂時，手的抖動和地震發生時地面的抖動非常相似。雖然地震發生模型是雙手在短時間
內施加的力量，但在實際的地震中是長時間在地球內部累積的力量發揮了作用。

耐震的安全建築模型

可獨自進行 ☐
和朋友同樂 ☐
請由父母陪同 ☑

若想要耐震，建築物下方比上方寬的形狀較好。另外，最好在建築物和地面之間放入可減少晃動的物質，讓地面的震動無法直接傳導至建築物上。

★ 準備材料

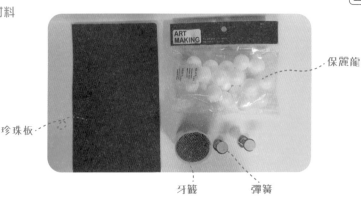

珍珠板

保麗龍

牙籤　　　彈簧

所需時間	難易度	實驗危險度	相關單元
40分鐘	★★★★☆	★★☆☆☆	六年級上學期〈地表的變化〉單元

活動1　我們家在地震時安全嗎？

1 在入口網站中輸入「我家耐震簡易搜尋服務」搜尋後，進入最頂端的網站。＊

2 同意服務使用條約，輸入自己家裡的住址。

3 按下結果，確認一下自己的家是否為耐震設計。

＊譯註：韓國網站。另可參考臺灣的國家地震工程研究中心「街屋耐震資訊網」（http://streethouse.ncree.narl.org.tw）。

活動2 🔬 動手做做看耐震設計的建築模型

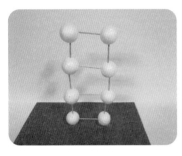

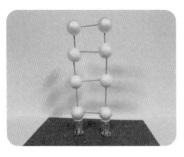

1 將做好的建築模型用膠帶固定在珍珠板上後,試著搖晃珍珠板看看。

2 將彈簧放在模型下方做成支架後黏在珍珠板上,搖晃看看並觀察一下發生什麼變化。

3 利用準備材料做出不是基本構造的各種模型,並說說看就算搖晃珍珠板還是能吸收衝擊的建築模型具有什麼特徵。

就像地震有震度和規模一樣,在搖晃書桌時也要改變搖動方式,觀察一下建築模型會變成什麼樣子。不可能一次就做出完美的建築模型。如果建築模型倒塌了,請觀察一下倒塌的原因,補強好該部分之後重新製作。

 科學遊戲好好玩

以前的人無法查明地震原因,認為那是上天降予人民的處罰。現在可以透過科學技術製造出的各種觀測設備來了解地震的原因。地震常發生於什麼地方呢?找出地球上常發生的地方,在上面畫點連線後就能連成一條火山帶。就是火山帶會常常發生地震,它就像是地球板塊的邊界。

46 製作玻璃盆栽

可獨自進行 ☐
和朋友同樂 ☐
請由父母陪同 ☑

地球上的水量不會發生變化，但會改變狀態並持續循環。跑到植物體內的水會再次蒸發到空氣中，而蒸發的水蒸氣會凝聚起來再變成雨水落下。

★ 準備材料

玻璃缸
砂質壤土
椰殼活性碳

水苔
多肉用土
小石子

所需時間	難易度	實驗危險度	相關單元
30分鐘	★★★☆☆	★☆☆☆☆	三年級下學期〈水的變化〉單元

活動1 請裝飾一下玻璃盆栽

小叮嚀

若沒有椰殼活性碳也可不放。

1 將砂質壤土鋪在洗淨的玻璃缸內。

2 將椰殼活性碳鋪在砂質壤土上。

小叮嚀

請先將水苔泡水並擠乾水分後再使用。

3 鋪上水苔，以避免澆水時土壤會亂流，變得髒亂。

4 將多肉用土鋪在水苔上。

活動2 請種植多肉植物

1 準備帶根的多肉植物。

小叮嚀

也可放入玩具動物模型或石頭等，營造出叢林般的氣氛。

2 將多肉植物種植於多肉用土中。

科學遊戲好好玩

在打造室內花園時將洞口塞住，讓水在中間持續循環的裝置就稱為「玻璃盆栽（Terrarium）」。「Terrarium」是拉丁語「大地（Terra）」和「地方（Rium）」的合成字，意指在透明容器中栽種植物。據說玻璃盆栽中的植物只要澆一次水就能活六個月。這是為什麼呢？若往沒有塞住洞口的一般盆栽澆水，水就會進入土壤並蒸發到空氣中。所以如果不澆水，植物馬上就會變得乾燥。玻璃盆栽是將洞口塞住，將水氣蒸發的過程去除，讓水可以持續在裡面循環的裝置。進入土壤中的水分被根部吸收後流入葉片並氣化，而進入空氣中的水分會以水滴狀凝結在玻璃盆栽的壁面，這些水滴又會再次進入植物的根部，讓植物得以生長。

水的旅行

可獨自進行 ☐
和朋友同樂 ☑
請由父母陪同 ☐

水的循環是指隨著水的狀態變化，在陸地、大海、空氣中、生命體等各個地方不斷循環的過程。雖然水會隨著狀態變化不斷循環，但地球的總水量並不會改變。

★ 準備材料

膠帶⋯⋯

剪刀⋯⋯

電子秤

塑膠杯

冰塊5顆

夾鏈袋

所需時間	難易度	實驗危險度	相關單元
30分鐘	★★☆☆☆	★★☆☆☆	三年級下學期〈水的變化〉單元

活動1 請試著做出水循環實驗裝置

1 將5顆冰塊裝入透明塑膠杯中。

2 將裝有冰塊的塑膠杯放入夾鏈袋後密封起來。

3 裝入冰塊後，使用電子秤測量一下夾鏈袋的重量並記錄下來。

小叮嚀

密封住夾鏈袋的開口後,再用膠帶牢牢封緊,不能留下任何隙縫。

4 使用膠帶將夾鏈袋黏貼在日曬良好的窗戶上,3天之後觀察一下會發生什麼變化。

活動2 請確認一下夾鏈袋裡面的變化

小叮嚀

確認一下夾鏈袋中是否有產生溼氣凝結成水滴。在堆疊冰塊的過程中,可能會發生灰塵堆積等細微變化,因而產生誤差。

過了一段時間之後,用電子秤再次測量一下夾鏈袋的重量並進行比較。

 科學遊戲好好玩

國際人口行動組織(PAI:Population Action International)以全世界國家為對象,調查並發表是否為缺水國家。人均可用水量不足1,000噸的國家為水荒國家,1,000~1,700噸為缺水國家,而1,700噸則為豐水國家。令人驚訝的是,韓國屬於缺水國家。雖然平均年降雨量為1,283毫米,比全球平均年降雨量973毫米還多,但國土的70%都是由山地組成,降水量大多集中在夏季,因此會大量流入大海,再加上人口密度大,人均降水量只有達到全球平均的12%。韓國人能喝的水在水的總量中僅占1%,因此必須節約用水。

*譯註:經濟部水利署指出,臺灣平均年降雨量為2,500毫米,加上地形陡峻,水資源不易蓄存利用,因人口稠密,換算成每人每年能分配降雨量4,000噸,不到世界平均值1/5。

48 會變化和流動的水

可獨自進行 ☐
和朋友同樂 ☐
請由父母陪同 ☑

水的用途相當廣泛，無論是工廠製造端、灌溉農作物或是清洗物品及周遭環境時，都需要用到水。水流所形成的自然地形，也會作為觀光資源使用；水往下流動的水位落差，也可以用來發電。水更是維持生命不可或缺的重要資源。

★ 準備材料

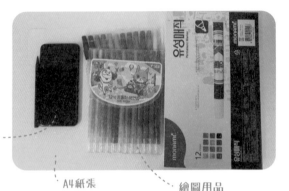

智慧型手機或平板

A4紙張

繪圖用品

所需時間	難易度	實驗危險度	相關單元
30分鐘	★★★★★	★★★★★	三年級下學期〈水的變化〉單元

活動1 請思考一下水流動的過程

1 工廠使用的水→汙水處理設施→河川、江→大海

2 觀光資源用的水→河江、大海→空氣中的水蒸氣→雲、雨

3 保存魚類用的冰塊→水→汙水處理設施→河川、江→大海

小叮嚀

水不會消失，而是會一直循環下去。想一想水要流到哪裡才不會消失，可以繼續循環。

4 灑在農作物上的水→土地中的水→被植物根部吸收的水→空氣中的水蒸氣

5 洗碗用的水→汙水處理設施→河川、江→大海

活動2 🔬 想一想家中用水會如何流動並畫下來

1 試著畫出廁所用的水會跑去哪裡。

2 試著畫出喝下的水會跑去哪裡。

3 試著畫出家裡打掃用的水會跑去哪裡。

4 試著畫出洗澡時用的水會跑去哪裡。

 科學遊戲好好玩

如果地區之間因太陽能產生溫差就會起風，從海面蒸發掉水。水蒸氣上升時會凝結成雲，然後隨風而動，接著會下雨或下雪，大部分會降於海中。降於陸地上的水會再次蒸發回到空氣中，一部分會被生物攝取，一部分會滲入土中變成地下水。這些水會流入湖中、溪流或江河中，並再次流向大海。

計算水足跡

可獨自進行 ☐
和朋友同樂 ☐
請由父母陪同 ☑

水之所以會不足，是因為依據地形或氣候可使用的水量不同，以及城市在開發之後人口變多，用水量也會增加的緣故。此外，隨著產業發達，環境受到汙染，加上人類不會珍惜用水，造成可使用的水量逐漸減少。

★ 準備材料

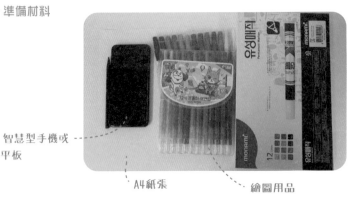

智慧型手機或
平板

A4紙張

繪圖用品

所需時間	難易度	實驗危險度	相關單元
30分鐘	★☆☆☆☆	★☆☆☆☆	三年級下學期〈水的變化〉單元

活動1 請計算水足跡

Water Footprint Calculator

小叮嚀

透過水足跡可以評價出水資源利用的效率性，我們可看出各國家用水的失衡現象非常嚴重。水足跡的定義是在產品生產、使用和廢棄前的過程中所需的水量。

1 在入口網站中輸入「Water Footprint Calculator（https://www.watercalculator.org）」搜尋後進入網頁。

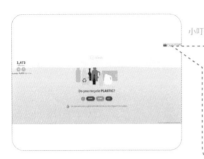

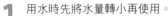

小叮嚀

因網頁是英文的,所以需要瀏覽器的翻譯功能。雖然在選取居住地區的欄位中只會出現美國州別,但不管選哪個州都沒關係。每當用水量增加時,就會看到畫面中的水位逐漸上升。

2 請和父母一起計算看看家裡使用的水足跡有多少。

活動2 請試著在家中實踐節約用水

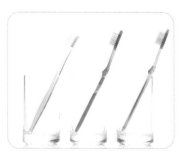

1 用水時先將水量轉小再使用。

2 洗手時請先關水再抹肥皂。

3 刷牙時請準備牙刷和漱口杯,並使用漱口杯漱口。

● **請在A4紙張上畫出可以實踐的節約用水辦法,並張貼在家中。**

科學遊戲好好玩

　　為了防止日益嚴重的水資源不足及水質汙染問題,並重新認識水資源的重要性,聯合國制定並頒布了「世界水資源日」。1992年12月22日里約熱內盧高峰會(地球高峰會)在《二十一世紀議程》第18章所提出的建議(保護水資源的品質與供給),通過《遵守世界水資源日(Observance of World Day for Water)決議案》。根據該決議案,將每年的3月22日訂為「世界水資源日」,從1993年起開始紀念,並於每年發行紀念郵票。

50 設計集水裝置

瓦爾卡水塔（Warka Water）是讓空氣中的水蒸氣凝結在網上，網上的水珠再滴流至下方碗中的集水裝置。

★ 準備材料

圖畫紙
鉛筆
繪圖用品

所需時間	難易度	實驗危險度	相關單元
30分鐘	★★★☆☆	★☆☆☆☆	三年級下學期〈水的變化〉單元

活動1 請思考瓦爾卡水塔的原理並畫出來

1 思考一下瓦爾卡水塔是做成什麼造型並試著畫出來。

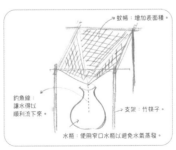

2 畫畫看瓦爾卡水塔是用什麼材料做出來的。

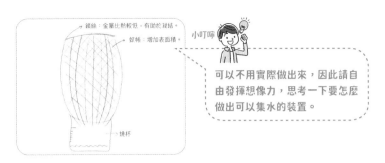

鐵絲：金屬比熱較低，有助於凝結。

蚊帳：增加表面積。

小叮嚀

可以不用實際做出來，因此請自由發揮想像力，思考一下要怎麼做出可以集水的裝置。

燒杯

3 試著設計出各種造型的瓦爾卡水塔。

 活動2 設計收集水蒸氣製造飲用水的裝置

小叮嚀

請試著畫出將被日曬蒸發的水蒸氣收集起來製造成飲用水的方法。

1 思考一下該如何運用各種原理來收集水蒸氣製造出飲用水並畫出來。

小叮嚀

這裡不需要精密的科學原理，請各位盡情發揮想像力畫畫看。

2 請試著畫出將被日曬蒸發的水蒸氣收集起來製造成飲用水的方法。

 科學遊戲好好玩

地球上有很多水，但其中我們能夠使用的水卻只有1％，所以科學家們製作出「海水淡化」的設備。海水淡化是為了讓地球上98％水分中的海水能應用於人類生活中，使用經濟性的辦法去除海水中的鹽分，將這些水製造成可用水的設備。韓國企業是全球最早開始大規模設計並啟用該技術的單位，於阿拉伯聯合大公國（UAE）製造了454,600噸的設備，向沙漠國家的居民提供所需的水。

⭐ 初階科學實驗中，最喜歡的實驗是哪一個？

_____

_____

⭐ 為什麼會喜歡這個實驗？

_____

_____

⭐ 這個實驗的原理是什麼？

_____

_____

⭐ 其他心得

_____

_____

_____

 **我的科學筆記**

☆ 進階科學實驗中，最喜歡的實驗是哪一個？

_____

_____

☆ 為什麼會喜歡這個實驗？

_____

_____

☆ 這個實驗的原理是什麼？

_____

_____

☆ 其他心得

_____

_____

_____

_____

非看不可！

小學生科普知識書推薦

小學生的驚奇科學研究室：
顛覆想像的 30 道科學知識問答

★符合 108 課綱，培養「科學」與「閱讀」素養★
互動式閱讀情境 X 有趣科學事實，
收錄自然科學、、地球科學、生物學等多種知識
滿足好奇心，一翻開就想看到最後！

剖析大腦，認識有趣的心理科學！

給孩子的現代科技圖解百科套書
（全套 2 冊）：
小學生的【科技奧祕大發現＋機械運作大發現】
（隨書附防水書套))

＼AI 時代來臨！培養未來理工小孩的科技圖解趣味百科／
冰箱如何保鮮？飛機如何飛？地道如何挖？
激發孩子的 STEAM 潛能，發掘孩子的探究天賦！

小學生最實用的生物事典：
動物魔法學校＋生物演化故事
（隨書附防水書套）

＼讓孩子輕鬆愛上理科的「圖像式趣味科普套書」／
106 種動物驚奇演化史＋幽默對話＋知識學習

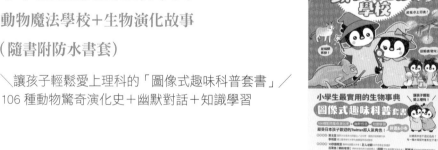

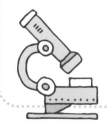

單位角色圖鑑：
什麼都想拿來量量看！
78 種單位詞化身可愛人物，
從日常生活中認識單位，
知識大躍進！

★給好奇孩子的「超入門單位圖鑑書」★

元素角色圖鑑：
認識化學的基本元素，
活躍於宇宙、地球、人體的重要角色！

★讓孩子學習更加融會貫通的「超可愛元素圖鑑百科」★

氣象角色圖鑑：
理解天氣變化的祕密，
深入淺出解答不可不知的
「天氣為什麼」！

居住在地球的我們一定要知道！

科學館 004

比 youtube 更有趣的兒童科學實驗遊戲 2：
50 個在家就能玩的科學實驗全圖解
유튜브보다 더 재미있는 과학 시리즈 04：초등 과학 실험

作　　　　者	沈峻俌（심준보）、韓到潤（한도윤）、金善王（김선왕）、閔弘基（민홍기）
譯　　　　者	賴毓棻
責 任 編 輯	李愛芳
封 面 設 計	黃淑雅
內 頁 排 版	陳姿廷

出 版 發 行	采實文化事業股份有限公司
童 書 行 銷	張惠屏・侯宜廷・林佩琪
業 務 發 行	張世明・林踏欣・林坤蓉・王貞玉
國 際 版 權	鄒欣穎・施維真・王盈潔
印 務 採 購	曾玉霞・謝素琴
會 計 行 政	李韶婉・許俽瑀・張婕莛
法 律 顧 問	第一國際法律事務所　余淑杏律師
電 子 信 箱	acme@acmebook.com.tw
采 實 官 網	www.acmebook.com.tw
采實文化粉絲團	www.facebook.com/acmebook01
采實童書粉絲團	www.facebook.com/acmestory

I　S　B　N	978-626-349-210-3
定　　　　價	340元
初 版 一 刷	2023年4月
劃 撥 帳 號	50148859
劃 撥 戶 名	采實文化事業股份有限公司
	104 臺北市中山區南京東路二段95號9樓
	電話：02-2511-9798　傳真：02-2571-3298

초등 과학 실험
Copyright © 2020 by Kyunghyang BP.
All rights reserved.
Original Korean edition was published by Kyunghyang BP.
Complex Chinese(Mandarin) Translation Copyright©2023 by ACME
Publishing Co., Ltd.
Complex Chinese(Mandarin) translation rights arranged with
Kyunghyang BP
through AnyCraft-HUB Corp., Seoul, Korea & M.J AGENCY

國家圖書館出版品預行編目資料

比 youtube 更有趣的兒童科學實驗遊戲 . 2：50 個
在家就能玩的科學實驗全圖解 / 沈峻俌, 韓到潤,
金善王, 閔弘基作；賴毓棻譯 . -- 初版 . -- 臺北市
: 采實文化事業股份有限公司, 2023.04
　面；　公分 . --（科學館；004）
譯自：유튜브보다 더 재미있는 과학 시리즈 . 4：초
등 과학 실험
ISBN 978-626-349-210-3(平裝)

1.CST: 科學實驗 2.CST: 通俗作品
303.4　　　　　　　　　　　　112002190

線上讀者回函

立即掃描 QR Code 或輸入下方網址，連結
采實文化線上讀者回函，未來會不定期寄
送書訊、活動消息，並有機會免費參加抽
獎活動。
https://bit.ly/37oKZEa

采實出版集團
ACME PUBLISHING GROUP